U0902862

前 言

近年来，星载合成孔径雷达（synthetic aperture radar，SAR）数据因其全天时全天候成像、穿云透雨的能力，越来越多地被用于提取地面信息。20世纪90年代初，ERS-1/2（欧洲空间局）、JERS-1（日本）、SIR-C（美国）、Radarsat-1（加拿大）等雷达卫星发射成功，为雷达应用的研究提供了丰富的数据资源。而在2007年先后发射升空的TerraSAR-X（德国）、COSMO-SkyMed（意大利）、Radarsat-2（加拿大）等数颗多角度、多极化、多模式的雷达卫星在分辨率上大有提高（1～3m），直接促进了星载SAR的发展和应用。

本书从星载SAR传感器的特点出发，分析了星载SAR的各种成像模式、各个高分辨率SAR卫星的产品分级模式以及星载SAR的SLC产品的R-D模型；提出了星载SAR的GEC产品的严密几何模型，并针对星载SAR传感器的特点，进而提出了RPC模型可以替代星载SAR各个级别产品的严密几何模型，并通过多源数据实验进行了验证；在此基础上，研究了星载SAR的平差模型、基于RPC模型的星载SAR立体定向、基于RPC模型的星载立体SAR的核线影像和核线模型，以及基于RPC模型的星载SAR正射纠正等；研究了星载InSAR严密几何模型及用RPC替代的观点，并采用多源数据进行了验证，进而提出了RPC模型在星载InSAR的DEM处理中的应用方法。本书中提出的基于RPC模型的星载SAR和InSAR处理方案，对我国自己发射的高分辨率SAR卫星数据的处理具有借鉴意义。

本书总共分为8章。第1章介绍了国外高分辨率SAR卫星的发展现状，概述了星载SAR的成像模式以及高分辨率SAR标准产品，并分析了星载SAR的成像几何特点；第2章介绍了高分辨率SAR的R-D模型，提出了GEC产品的严密几何模型；第3章提出了高分辨率SAR的严密几何模型用RPC模型替代的可能性以及求解方法，并利用多源数据进行了实验；第4章给出了基于RPC模型的立体SAR平差方法以及采用多源数据验证的结果；第5章研究了基于RPC模型的星载立体SAR核线影像和核线模型的构建方法；第6章研究了星载InSAR的严密几何模型以及RPC模型；第7章研究了星载InSAR基于RPC模型的DEM处理方法；第8章研究了星载SAR基于RPC模型的DOM制作方法，并用多源星载SAR数据进行了理论精度和实际精度的对比分析。

本书的研究得到了国家科技支撑计划项目“资源三号卫星立体测图标准与规范研究”（2011BAB01B01）、“地理国情监测应用服务”（2012BAH28B04）和国家自然科学基金重点项目“多源高分辨率卫星影像的几何精处理、特征提取与智能化分类”（40930532）等课题的资助。同时，感谢祝小勇（第2章）、李贞（第3章和第4章）、潘红播（第5章）、费文波（第6章和第7章）和墙强（第8章）为本书实验和编辑所付出的努力。

由于本书的研究属于作者首创，欢迎广大读者以批判的眼光阅读，有任何问题与建议，请直接联系作者（张过：guozhang.lmars@gmail.com；秦绪文：qinxuwen@163.com）。

目　录

第 1 章　绪　论

§1.1　星载SAR的发展

合成孔径雷达（synthetic aperture radar，SAR）因其不受天气条件限制能够穿透地表进行大面积、远距离的观测，并具有高分辨率、侧视成像的特点，备受地球科学以及相关领域研究人员的重视，近年来得到了迅速的发展。

美国国家航空航天局（National Aeronautics and Space Administration，NASA）喷气推进实验室（Jet Propulsion Laboratory，JPL）于1978年6月28日发射了第一颗SAR卫星Seasat（L波段，HH极化）。1981年和1984年JPL利用航天飞机又分别成功地发射了具有L波段、HH极化的卫星SIR-A（Shuttle Imaging Radar-A）和SIR-B，其中SIR-B为可变视角。1991—1995年，相继有欧洲空间局的ERS-1（European Remote Sensing Satellite-1）、日本的JERS-1（Japanese Earth Resouce Satellite-1）、美国的SIR-C、加拿大的Radarsat-1和欧洲空间局的ERS-2等雷达卫星发射成功，为星载SAR技术研究提供了数据保证。

近来许多国家又先后研发了新一代的SAR卫星。比较具有代表性的有：①Light SAR（Light Synthetic Aperture Radar）卫星，由美国NASA研制，于2002年7月1日发射；②Envisat卫星，由欧洲空间局研制，于2002年6月发射；③ALOS（Advanced Land Observing Satellite）卫星，由日本宇宙开发事业团（NASDA）和日本资源观测系统组织（JAROS）联合研制，于2006年1月24日发射，其搭载的PALSAR为L波段、全极化的传感器；④Radarsat-2卫星，由加拿大空间局研制，于2007年12月14日发射，它继承了Radarsat-1的优点，具有12种波束模式，尤其具有全极化功能；⑤德国的TerraSAR-X卫星，于2007年6月15日发射，是一颗兼顾科学研究和商业运行的高分辨率SAR卫星，鉴于其稳定并精确的轨道定位能力，可为PS-InSAR应用提供理想的数据源；⑥意大利的COSMO-SkyMed系列卫星，共4颗现已全部发射，最近的一颗COSMO-SkyMed 4于2010年11月5日由Delta-2火箭成功发射升空，该项目称为“COSMO-SkyMed星座”，由4颗X波段的SAR卫星组成。其中，TerraSAR-X、Radarsat-2和COSMO-SkyMed为高分辨率、多极化、多模式的雷达卫星。

1.1.1　成像模式

由于卫星测控技术的不断发展和完善，SAR卫星可以通过控制天线获得多种工作模式，满足不同观测要求。以TerraSAR为例，目前的高分辨率SAR卫星普遍具有以下工作模式（Eineder et al，2006）。

1. 条带模式

条带（stripmap）模式是基本的SAR成像模式，如ERS-1。当天线波束采用固定的仰角和方位角时，利用连续的脉冲序列发射微波从而形成地面条带。这种模式下生成的影像带在方位向成像质量不变。图1-1显示了条带模式的工作形式。其中条带长度取决于电池能量、存储能力和传感器的热量状态。

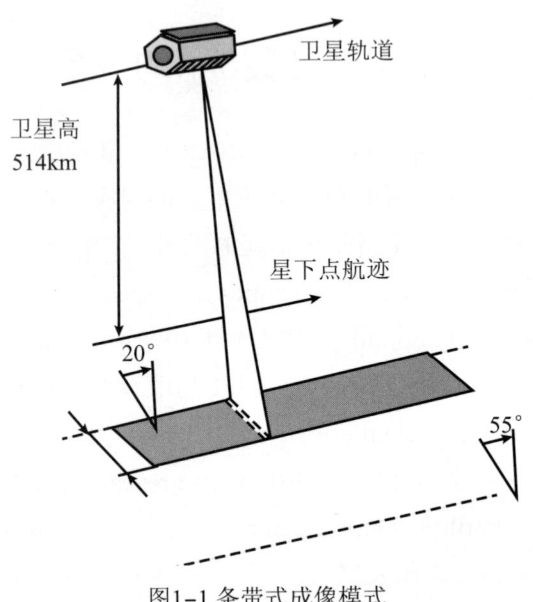

图1-1 条带式成像模式

2. 聚束模式

聚束（spotlight）模式在方位向采用相阵列波束控制技术增强照射时间，也就是合成了孔径的尺寸。因为较大的孔径能得到更高的方位向分辨率，但是同时影响了方位向影像尺寸，为了解决这个问题，采用聚束模式可以使天线波束停留在一景并且让景长符合天线波束宽度，如图1-2所示。

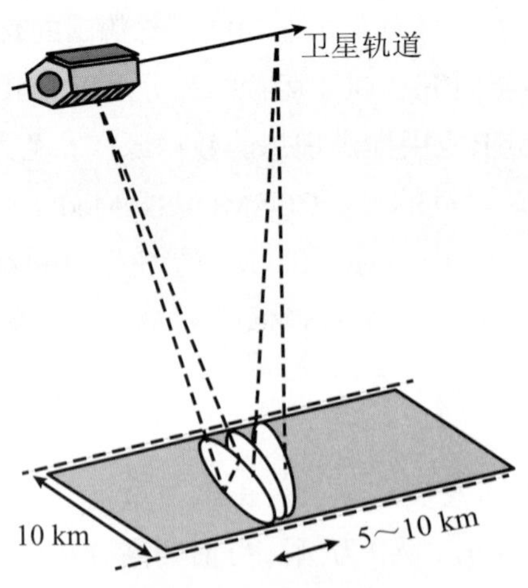

图1-2 聚束式成像模式

3. 扫描模式

扫描（scanSAR）模式利用4个条带波束联合工作达到100 km的幅宽。每个波束的成像区域称为子测绘带，虽然能得到较宽的测绘带宽，但是将导致方位向分辨率下降，如图1-3所示。

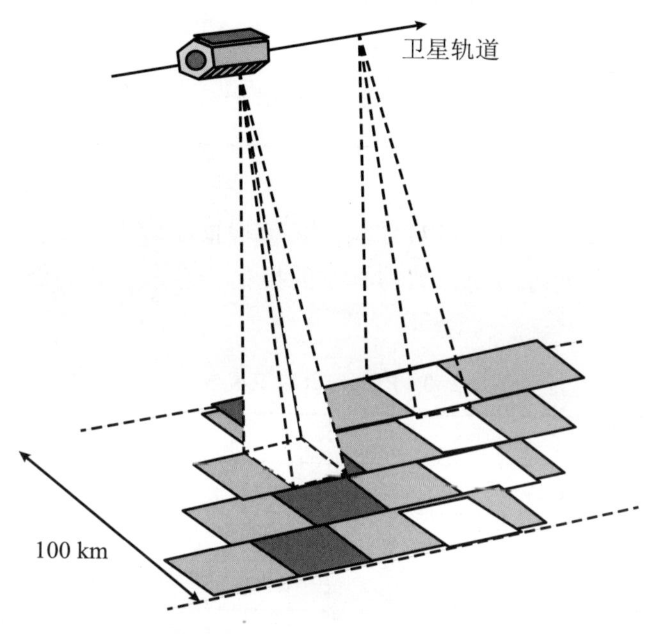

图1-3　扫描式成像模式

1.1.2　高分辨率SAR卫星概述

1. TerraSAR-X

TerraSAR-X卫星设备参数、轨道和姿态参数分别见表1-1和表1-2。

表1-1　TerraSAR-X卫星设备参数

项目		参数
雷达载荷频率		9.65GHz
射频功率		2kW
入射角范围	条带模式或扫描模式	20°～45°（全性能范围）；15°～60°（允许范围）
	聚束模式	20°～55°（全性能范围）；15°～60°（允许范围）
极化方式		单极化、多极化和全极化
天线尺寸		4.8 m × 0.7 m × 0.15 m
侧视方向		右侧视
仰角波束数	条带模式或扫描模式	12（全性能范围）；27（允许范围）
	聚束模式	91（全性能范围）；122（允许范围）
方位角波束数		249（聚束模式的）
脉冲重复频率		2.0～6.5 kHz

表1-2 TerraSAR-X卫星轨道和姿态参数

轨道高度	514 km
日轨道数	$15\frac{2}{11}$
重访周期	11天
轨道倾角	97.44°
升交点地方时间	18:00±0.25 h
姿态控制	全零多普勒控制

2. Radarsat-2

Radarsat-2卫星是2007年12月14日发射的C波段商用SAR卫星，具有11种波束模式并采用左右侧视缩短了重访周期。其与丰富的极化信息，参数与波束模式特征分别见表1-3和表1-4。

表1-3 Radarsat-2卫星参数

轨道类型	太阳同步轨道
卫星高度	798 km（赤道上空）
重访周期	24天
轨道周期	100.7 min
日轨道数	14
侧视方向	左右侧视

表1-4 Radarsat-2波束模式特征

波束模式	极化方式	入射角	标称分辨率		标称景大小
			距离向	方位向	
超精细	可选单极化：HH，VV，HV，VH	30°～40°	3 m	3 m	20 km×20 km
多视精细		30°～50°	8 m	8 m	50 km×50 km
精　细	可选单极化：HH，VV，HV，VH 可选双极化：HH+HV，VV+VH	30°～50°	8 m	8 m	50 km×50 km
标　准		20°～49°	25 m	26 m	100 km×100 km
宽		20°～45°	30 m	26 m	150 km×150 km
四极化精细	四极化：HH+VV+HV+VH	20°～41°	12 m	8 m	25 km×25 km
四极化标准		20°～41°	25 m	8 m	25 km×25 km
高入射角	单极化：HH	49°～60°	18 m	26 m	75 km×75 km
窄幅扫描	可选单极化：HH，VV，HV，VH 可选双极化：HH+HV，VV+VH	20°～46°	50 m	50 m	300 km×300 km
宽幅扫描		20°～49°	100 m	100 m	500 km×500 km

3. COSMO-SkyMed

COSMO-SkyMed卫星参数见表1-5。

表1-5 COSMO-SkyMed卫星参数

发射时间	2007年6月8日
轨道类型	近极地太阳同步轨道
轨道倾角	97.86°
日轨道数	14.812 5
重访周期	16天
偏心率	0.001 18
近地点	90°
半轴长	7 003.52 km
卫星高度	619.6 km
升交点地方时间	6:00 am
卫星数	4
轨道定相	90°

1.1.3 高分辨率SAR卫星产品

目前，为了卫星影像数据的商业化运作，各个商业卫星运营商定制了独立的卫星影像产品分级，用户可以根据不同需求，选择所需的不同级别产品，但各种卫星影像产品的分级并不一样。

1. TerraSAR-X卫星产品❶

TerraSAR-X的RAW数据通过TerraSAR-X多模式SAR处理器TMSP处理成基本数据产品，然后选取适当的处理流程和参数，进而处理成一系列不同级别的产品。

1）单视斜距复影像产品

单视斜距复影像（single look slant range complex，SSC）产品，采用斜距方位向几何投影。该产品为雷达信号聚焦形成的基本单视影像，在方位向和距离向有相同的分辨率，且数据用复数表示。每个像素点处理成零多普勒坐标，即正交于飞行轨迹。

2）多视地距产品

多视地距（multilook ground range detected，MGD）产品，采用地距方位向几何投影（无地形改正）。该产品有较低的相干噪声，处理为近似正方分辨率单元。影像坐标是沿方位向和距离向定向的，利用WGS-84椭球模型和平均地形高程投影到地面的产品。

❶ 该部分内容参考自文献（Schmidt et al，2007）。

3）椭球改正地理编码产品

椭球改正地理编码（geocoded ellipsoid corrected，GEC）产品，采用经椭球改正的地图几何投影（无地形纠正）。该产品是一种多视产品，根据WGS-84参考椭球和平均高程进行投影和重采样。由于椭球改正没有考虑数字高程模型（digital elevation model，DEM），所以像素的定位精度变化取决于地形，陡峭的入射角度和地貌会引起明显的误差。

4）增强椭球改正产品

增强椭球改正（enhanced ellipsoid corrected，EEC）产品，采用通过DEM经地形改正的地图几何投影。改产品与GEC产品一样均为多视处理影像，根据WGS-84参考椭球进行投影和重采样，并利用外部DEM进行影像的地形改正。由于使用DEM进行了地形改正，所以像素的定位精度较高，但是精度仍然取决于DEM的精度、分辨率以及入射角。

2. Radarsat-2卫星产品❶

1）原始信号级

RAW产品，即原始信号产品（raw signal data product），以复型方式将未经压缩成像处理的雷达信号数据记录在介质上。单波束模式和扫描（scanSAR）模式的数据均可生成RAW产品。

2）地理参考级

（1）SLC产品，即单视复型（single look complex）产品，采用单视处理，以32 bit复数形式记录影像数据。只有单波束模式的数据可以生成SLC产品。

（2）SGF产品，即SAR地理参考精细分辨率（SAR georeferenced fine resolution）产品，只能由单波束模式的数据生成。对标准模式、宽模式、超低和超高模式均采用12.5m×12.5m的像元尺寸和4视处理；对于精细模式，采用6.25m×6.25m的像元尺寸和1视处理，影像数据存储为16 bit无符号整型。

（3）SGX产品，即SAR地理参考超精细分辨率（SAR georeferenced extra fine resolution）产品，与SGF产品相仿，唯一的区别是SGX产品采用更小的像元尺寸，因而产品的数据量较大。

（4）SGC产品，即SAR地理参考粗分辨率（SAR georeferenced coarse resolution）产品，也与SGF产品相仿，唯一的区别是SGC产品采用更大的像元尺寸，因而产品的数据量较小。

（5）SCN产品，即窄幅扫描（scanSAR narrow beam）产品，其像元尺寸为25m×25m，影像数据存储为8 bit无符号整型。

（6）SCW产品，即宽幅扫描（scanSAR wide beam）产品，其像元尺寸为

❶ 该部分内容参考自文献（Dettwiler，2008）。

50m×50m，影像数据存储为8 bit无符号整型。

3）地理编码级

（1）SSG产品，即SAR地理编码系统校正（SAR systematically geocoded）产品，是在SGF产品的基础上进行了地图投影校正。只有单波束模式的数据可以生成SSG产品。SSG产品的影像数据为16 bit或8 bit无符号整型，由用户自行选择。

（2）SPG产品，即SAR地理编码精校正（SAR precision geocoded）产品，与SSG产品相仿，不同之处在于采用地面控制点对几何校正模型进行修正，从而大大提高了产品的几何精度。

3. COSMO-SkyMed卫星产品[❶]

1）Level 0 产品

Level 0产品即RAW产品，包括回波相位资料，在解密和解压缩之后（从BAQ编码数据转化到8bit均一的量化数据）及进行内定标和误差补偿之后获得。该产品包括所有的辅助资料（如传输单位、精确有日期的卫星相关坐标、速度向量、几何学传感器模型、载荷状态、标定资料等），用于产生其他基础产品或中间产品。

2）Level 1A 产品

Level 1A 产品，又称为侧视单视复数据（single look complex slant，SCS或SLC）产品，由经过内部辐射定标的SAR聚焦数据组成，采用零多普勒斜距方位向几何投影。

3）Level 1B 产品

Level 1B 产品，又称为幅度地面多视图（detected ground multilook，DGM）产品，由经过内部辐射定标、去散斑噪声、幅度探测的SAR聚焦数据组成，采用零多普勒地距方位向投影，并定义到相关椭球体或DEM上，利用辅助数据重采样到规则的地面间距。

4）Level 1C 产品

Level 1C产品，又称为椭球改正地理编码（GEC）产品，由输入数据定义到一个相应的从预先设定系列中选取的椭球体上，并采用从预先设定的某一地图相关系统获取的规则栅格。

5）Level 1D 产品

Level 1D 产品，又称为地理编码地形纠正（geocoded terrain corrected，GTC）产品，由输入数据定义到相应的高程表面上，并采用从预先设定的某一地图系统中获取的规则栅格。

4. 高分辨率SAR卫星标准产品分级体系

在对比国外高分辨率SAR卫星影像分级的基础上，以相应的几何处理，总结高分辨率SAR卫星标准产品的分级体系，见表1-6。

---

❶ 该部分内容参考自文献（Agenia Spaziale Italiana，2007）。

表1-6 高分辨率SAR卫星标准产品分级体系

基本分级	级别简称	对应卫星产品		
		TerraSAR-X	Radarsat-2	COSMO-SkyMed
斜距影像产品	SLC	SSC产品	SLC产品	SCS（SLC）产品
地距影像产品	MGD	MGD产品	SGF产品、SGX产品、SGC产品、SCN产品、SCW产品	MDG产品
系统几何纠正影像产品	GEC	GEC产品	SSG产品	GEC产品
正射纠正影像产品	DOM	EEC产品	SPG产品	GTC产品

§1.2 SAR影像独特的成像特征

SAR为侧视成像，其几何关系如图1-4所示。其中，*H*为传感器高度，*A*'、*B*'、*C*'为地面点*A*、*B*、*C*在影像上的对应点。

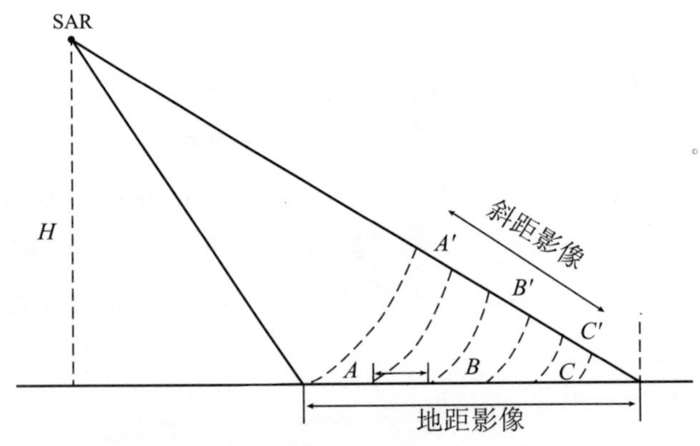

图1-4 SAR成像几何关系示意图

Curlander等（1982，1991）在其著作中讨论了由几何失真引起的影像定位误差。经成像处理得到的SAR影像为一幅平面图，其纵向平行于卫星的飞行航线，即方位向；横向垂直于卫星的航线，即距离向。由于SAR为侧视成像，SAR影像存在着特有的几何畸变，概括起来有近距离压缩现象、因地形起伏而产生的透视收缩、叠掩、阴影等。

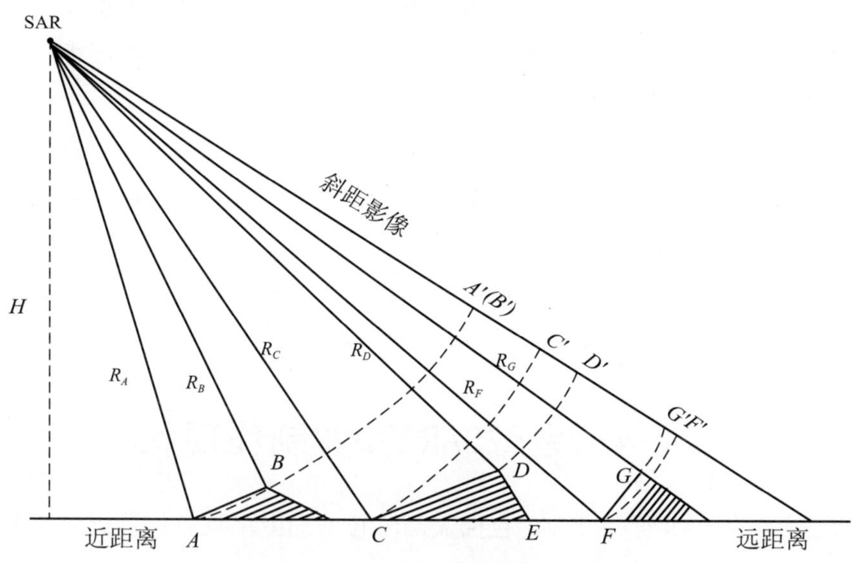

图1-5 SAR影像几何畸变示意图

图1-5展示了SAR侧视成像时斜距投影造成的影像几何畸变。其中，$A'(B')$和$C'D'$区域表示斜距成像的透视收缩现象，DE区域由于阴影而没有数据信息，叠掩导致GF区域在斜距成像面倒置为$G'F'$。

§1.3 星载SAR几何模型的发展

SAR影像的“定位模型”描述的是像点位置与相应的地面点位置之间的数学关系，在数字摄影测量学上常用“构像模型”表示。定位模型是从应用目的出发对这种数学关系的一种称法，它可以直接用于影像点地面位置的地理定位计算。

目前国内外采用的星载SAR定位模型主要有三种类型。一是苏联采用的方法。该方法数学模型比较复杂，理论上非常严密，考虑的因素多，适用性很强，不仅适用于SAR影像，而且也适用于真实孔径雷达影像。二是Leberl等（1986）提出的数学模型。该模型考虑了传感器外方位元素中线元素的变化，但未顾及角元素的变化，因此在SAR立体影像模型建立后，存在较大的上下视差。同时，由于该模型是根据像点距离方程和零多普勒条件建立的，而星载SAR在成像时多普勒频率往往是不为零的，因而其只适用于机载SAR，而不适用于星载SAR。三是Konecny等（1988）提出的平距投影雷达影像的数学模型。该模型考虑了传感器外方位元素的变化以及地形起伏的变化，公式形式与摄影测量中常用的共线方程类似，便于应用。但该模型忽视了SAR影像侧视投影的特点，只是从传统光学影像成像的特点去解释，因而该方法只是一种模拟光学影像的处理方法。

距离-多普勒（range-Doppler，R-D）算法（Curlander，1982）是从SAR成像几何的角度来探讨像点与物点之间的对应关系。它所依据的原理为：在距离向上，地面目标到雷达的等距离点的分布，是以星下点为圆心的同心圆束；而在方位向上，卫星与地面目标相对运动所形成的等多普勒频移点的分布，是双曲线束；同心圆束和双曲线束的交点，就可以确定地面目标。与其他算法相比，R-D算法的优点在于：①不需要在星载SAR的视场中使用任何位置确知的参考点，仅仅依靠影像本身的辅助信息即可；②该方法与卫星的姿态资料毫无关系，这样就避免了由于引入准确性较差的姿态资料（翻滚、俯仰、偏航）而带来的误差；③随着SAR成像技术中的杂波锁定、自聚焦等技术的发展，该方法的精度主要取决于星历数据的准确性，而随着技术的提高，星历数据会越来越精确，所以其定位的精度也会大大提高。

§1.4 星载SAR的DOM制作现状

国外一些著名的SAR研究机构，包括美国阿拉斯加卫星设备、德国航空航天中心及美国喷气推进实验室等都发展了实用的正射纠正方法。自1996年来，袁孝康、周金萍、张永红、陈尔学等国内学者也陆续展开了各种星载SAR正射纠正方法的研究。

从国内外研究文献来看，星载SAR影像正射纠正方法可以归结为两大类：①由摄影测量学界发展的基于雷达共线方程的方法（Leberl，1978；Konecny et al，1988）；②由SAR影像处理算法及系统开发领域专家提出的基于R-D定位模型的方法（Curlander，1982）。

目前国内外均采用R-D定位模型进行正射纠正处理（Johnsen et al，1995；Schreier et al，1990），其方法又主要分为两类：①在星载SAR影像和相关地形图和正射影像上选取控制点，然后优化R-D模型参数进行正射纠正；②在山地和高山地等选点困难地区，利用对应区域的DEM和R-D模型参数来模拟星载SAR影像，通过真实SAR影像和模拟SAR影像的配准，建立真实SAR影像上像点跟地面点的对应关系从而进行正射纠正。

§1.5 星载立体SAR的研究现状

对于星载SAR影像而言，基于单星和大量控制点的区域网平差技术因SAR系统的发展而得到发展和应用。20世纪60年代起，人们发现雷达立体影像测图可以作为一种延续摄影测量方法的工作方式，用于提取地面高程（Laprade，1963）。Crandall（1969）和Azevedo（1971）采用改进的框幅式共线条件方程作为平差的基础方程对机载雷达影像进行了区域网平差处理，获得满足生成1:25万正射影像的精度，即精度在百米量级。这时，由于机载SAR获取有效立体像对的能力有限，对立体SAR的研究仅停留在理论或模拟数据实验的阶段。1978年，首颗星载SAR卫星Seasat（美国）发射上天，随后美国利用航天飞机装载的成像雷达SIR-A和SIR-B也相继上天，同侧、异侧以及不同交会角的立体成像方式得以实现。学者们对立体SAR研究的兴趣也由机载雷达影像转向了星载雷达立体测图，利用Seasat和SIR–A/B影像进行立体量测试验的定向精度达到了60~100m（Leberl et al，1986；Raggam，1985；Kobrick et al，1986）。20世纪90年代初，ERS–1/2（欧洲空间局）、JERS–1（日本）、SIR–C（美国）、Radarsat–1（加拿大）等雷达卫星发射成功，为雷达立体成像的研究提供了丰富的数据资源。Radarsat–1卫星系统具有多种扫描模式和多种入射角度，针对Radarsat有大量的立体SAR技术研究和实验结果被收集在1998年Radarsat ADRO大会论文集中，精度最高达到了同侧成像8～10m，异侧成像达到了20m（Toutin，2000）。在这样的背景下，以Toutin为代表的学者进行了一系列有价值的研究：采用雷达侧视投影方程的方法，对ERS–1异侧立体像对进行了最小二乘光束法平差，取得平面17m、高程23m的精度（Toutin，1996）；采用加拿大遥感中心发展的几何模型对15幅Radarsat–1精细模式影像做了精细的条带处理及区域网平差实验，分析得出当每两条行带布设地面控制点时可获得优于35m的平差精度（Toutin，2003）；同样采用加拿大遥感中心发展的几何模型对包括Radarsat、ERS在内的各种星载遥感影像用25个控制点进行平差试验，对于SAR影像获得了像素级的平面和高程精度（Thierry et al，2003）。

以上研究中，所采用的成像几何模型是建立在单星遥感影像区域网平差的基础上的，均不是在严格分析卫星遥感影像成像几何条件下建立的成像几何模型，而是在一定近似条件下获得的经验模型，导致平差结果中模型误差较大；不能充分利用卫星影像提供方提供的卫星遥感影像的辅助参数，在平差过程中模型的初值需要用近似的方法求解获得。

英国伦敦大学学院的Dowman等人采用能反映SAR几何成像的R–D方程模型，利用ERS–1和Radasat–1的立体数据做了一系列的工作，证明了立体SAR是一种有效提取DEM的方法（Dowman，1992；Chen et al，1996，2000；Dowman et al，1998）。在此基础上，Dowman等人提出带权的最小二乘平差方法来解决Radarsat卫星星历数据不准确的问题，采用2个控制点和32个检查点，获得了同等条件下24m的高精度DEM（Chen et al，2001）。Edwards等（2004）采用R–D模型，利用Envisat ASAR（2002年发射）立体像对的高精度轨道数据进行无控制点的最小二乘平差，获得了平面25m、高程–6m的精度。Song等（2006）同样采用R–D方程，提出一种基于三维模拟的平差方法计算系统引起的偏移，只用1个地面控制点来补偿，对Radarsat–1 SGF影像获得了43.86m的三维精度。

在多星多传感器卫星遥感影像区域网平差方面，Toutin（2000）利用摄影测量的方法，对ERS和SPOT全色影像平差试验，获得了20～40m的定位精度；还有研究利用严密模型对SPOT和ERS–2 立体影像对进行空间前方交会，并提出高程纠正模型的平差方法，用1～2个高程控制点对高程的系统偏差进行纠正，获得了13m的高程精度；另外，Toutin用经验模型对包括Landsat–7、SPOT 4 的HRV、ASTER、Radarsat和ERS–1在内的40幅遥感影像进行了多星多传感器卫星遥感影像的区域网平差试验，利用1:5万地形图，获得20～26m的定位精度（Thierry et al，2003）。

近几年，几颗高分辨率SAR卫星相继发射，特别是2007年后发射升空的TerraSAR-X、COSMO-SkyMed、Radarsat-2，这些雷达卫星在分辨率上大有提高（1～3m），使得立体SAR定向的精度可获得进一步的提高。Toutin等（2009）采用加拿大遥感中心发展的几何模型对Radarsat-2的精细产品进行平差实验，利用1:2万地形图得到的DEM做为地理参考，获得了二维定向精度2m、三维定向平面精度1m、高程精度2m的初步结果。相比国外的深入而广泛的研究，国内在该方面的研究还尚未开展。

§1.6 星载立体SAR的核线研究现状

利用SAR立体像对自动提取DEM时，由于SAR影像受地形起伏影响，在几何上和辐射上都有强烈的畸变，故获取大量可靠的同名点是很困难的（Ostrowski et al，2000）。对于匹配，一个重要约束就是核线约束。核线影像对之间不存在上下视差，故其匹配只用沿着一维方向进行，提高了匹配速度和匹配的可靠性。但是，由于星载SAR影像成像几何完全不同于框幅式相机，传统框幅式相机的核线几何也不再适用于SAR立体像对。

对于不同的成像模式，其核线几何并不相同。针对聚束模式的SAR影像，Theiss等（2005）基于R-D模型，利用共面条件，获取了核线方程，但进行核线重采样需要DEM的支持。Gupta等（1997）在分析线推扫式相机时提出，SAR也可作为一种线推扫式传感器。而针对光学线推扫式CCD，已经提出了很多近似核线的生成方法。张祖勋等（1989）在Dowman提出的核线定义的基础上，提出了将左影像的扫描线当做左核线，通过若干对同名点，利用多项式拟合右核线的方法整体求解出右核线影像的方程，通过若干对同名点检查，其核线方程的精度在2个像素之内。但此法仅对异轨立体有效，对同轨立体不再适用（江万寿等，2002）。在传感器沿直线飞行且在影像获取期间姿态不变的假设下，Gupta等（1997）得到了线推扫传感器的基础矩阵，且发现其核线为双曲线。而基础矩阵可以通过若干对同名点坐标求解出。Ono（1999）针对窄视场角的线推扫式传感器成像时间短的特点，利用平行投影模型代替中心投影模型，得出仿射变换方程来获取近似核线方程。Kim（2000）针对线推扫式传感器的特点，提出了具有理论基础的线阵列传感器核线几何，并基于Orun和Natarjan的共线方程模型得到了相应的核线方程；通过核线方程可以看出，线阵列传感器核线为双曲线，但该方程无法用于核线重采样。Lee等（2001）针对简化传感器模型，得到了与Gupta类似的核线方程。Morgan等（2006）针对平行投影模型，给出了核线重采样方法。Habib等（2005）针对Gupta和Hartley的模型，在共线方程的基础上推导出了核线方程，并分析了影像核线曲线度的因素。叶新魁等（2009）针对有理多项式系数（rational polynomial coefficient，RPC）模型，利用投影轨迹法，获取核线方程，其方程为二次曲线型，但该方法并未给出相应的核线影像重采样的方式。胡芬等（2009）利用投影轨迹法获取核线方向，并将影像上点投影到基准面上，从而获取近似核线；该方法利用核线影像与基准面上点位之间的仿射变换关系及原始影像的坐标反算，建立核线影像与原始影像像点的对应关系。张永军等（2009）同样针对RPC模型，利用投影轨迹法，采用分段拟合的方法进行核线重采样，且利用仿射变换模型建立并计算原始影像与核线影像的对应关系；但该方法需要知道该地区的粗略DEM，且在建立核线影像与原始影像的对应关系时，需要若干核线影像上同名点并知道其相应的同名点对在原始影像上的坐标。

在传统的框幅式中心投影影像中，两个相机参数相近且有重叠的影像基本上都能构成立体，供人眼进行立体观测。这是因为框幅式中心投影影像的高程起伏引起的变形都以像片中心为中心呈辐射状，具有“各向同性”的特点。这样任意两个重叠影像，在把影像旋转到一定的角度后都能使高程起伏引起的变形方向一致，从而消除上下视差、形成核线以进行后续的处理。

多源空天影像的立体观测就是由空天立体影像对生成没有上下视差的核线影像或近似核线影像。对于框幅式立体影像对而言，可以根据经典的核线理论，进行严格的核线重采样，生成没有视差的影像对。对于线阵推扫影像，由于没有核面和核线的概念，一般采用投影轨迹法、多项式拟合法等近似核线理论。对于SAR等点扫描的影像，则几乎没有核线影像的概念。

§1.7　星载InSAR的DEM制作现状

合成孔径雷达干涉测量（interferometric synthetic aperture Radar，InSAR）技术在地形图快速测绘和更新方面具有快速、全天时、全天候、高精度等突出优势，已成为有效解决常年阴雨地区地形测绘问题的重要技术手段。目前，一系列的高分辨率SAR卫星的发射计划正在执行之中。其中，德国在2007年发射的TerraSAR-X雷达卫星将提供分辨率为1m的雷达影像数据，意大利在2007年发射了COSMO-SkyMed，加拿大2007年发射了Radarsat-2，这些卫星均有形成干涉的能力，COSMO卫星组网构成顺轨干涉，TerraSAR的DEM是后续形成星座的形成干涉。我国的“十一五”规划提出要建立高分辨率遥感对地观测网，2020年前SAR影像分辨率要达到0.3m。这就使得利用高分辨率的SAR遥感影像及InSAR技术以较低的成本、较短的周期获取基础空间信息成为可能。因此，不断涌现的高分辨率InSAR干涉数据给恶劣自然环境下的基础测绘带来新的挑战和机遇。

目前，基于足够数量控制点利用单传感器InSAR数据获得高精度DEM的技术已经得到了初步的发展和应用，见表1-7。

表1-7 基于足够控制点和单传感器InSAR数据的处理试验

研究组织机构	数据源	模型	控制点数	检查点数	精度/m
意大利米兰理工大学	ERS	R-D方程与相位方程	14	1:5000地形图	11.4
德国慕尼黑工业大学	ERS	R-D方程与相位方程	7	6个检查点及1:1.5万地形图	2.3
美国陆军地形工程中心（TEC）	TOPSAR	R-D方程与相位方程		参考DEM	2.2
美国喷气推进实验室（JPL）	SIR-C	R-D方程与相位方程		参考DEM	8

第 2 章　星载SAR的严密成像几何模型

§2.1　星载SAR的距离–多普勒模型

SAR作为一种主动遥感成像方式，可以提供非常精确的传感器到目标的距离和返回信号的多普勒历史信息，这些信息可以很精确地将卫星和地表坐标相联系，从而构建SAR的定位模型，通过解算定位模型就可以得到每个像元的地理位置。定位模型必须建立在一定的坐标系统之上。由于现在星载SAR辅助数据多数在WGS–84坐标系下，本节将给出在地心坐标系下SAR的定位模型。该模型适用于SAR的SLC和MGD标准产品。

距离–多普勒（range–Doppler，R–D）定位模型是由布朗（W. E. Brown）首先提出，Curlander等（1982，1991）发展了该定位模型，并给出了作为分析问题出发点的3个基本方程式。

SAR卫星定位原理是利用等距离线、等多普勒线在地球等高面上的交点确定影像的像元位置。R–D算法完全是从SAR成像几何的角度来探讨像点（i，j）与物点（X，Y，Z）之间的对应关系。它所依据的原理为：在距离向上，地面目标到雷达的等距离点分布在以星下点为圆心的同心圆束上；而在方位向上，卫星与地面目标相对运动所形成的等多普勒频移点分布在双曲线束上；同心圆束和双曲线束在地球等高面上的交点，就可以确定地面目标。

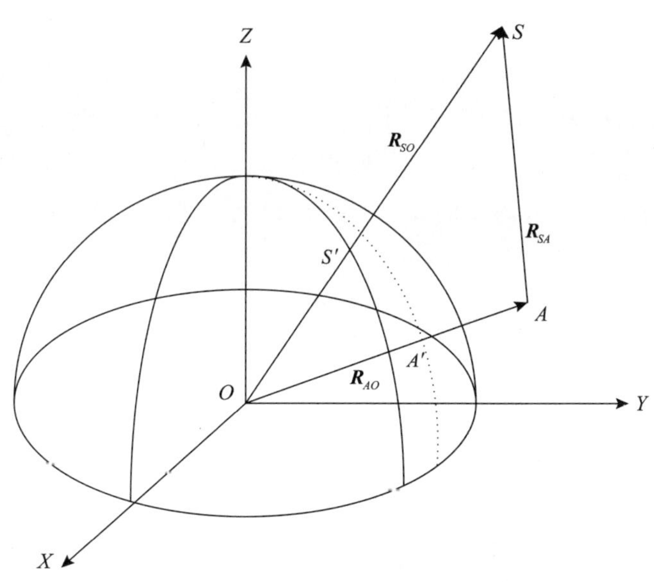

图2–1　定义R–D模型的地图坐标系（ECR）

在图2-1中S表示SAR卫星，其位置矢量、速度矢量分别为$\boldsymbol{R}_{SO}$、$\boldsymbol{V}_{SO}$，其中$\boldsymbol{R}_{SO}$在图中对应向量$\boldsymbol{OS}$。A为地球表面上某地物点，$\boldsymbol{AS}$用$\boldsymbol{R}_{SA}$表示，其绝对值为R。地物点A在地球椭球表面上的投影点为A'，$A'A$为A点的高程h。向量$\boldsymbol{OA}$用$\boldsymbol{R}_{AO}$表示。设目标点A的地心惯性坐标系（GEI）坐标矢量$\boldsymbol{R}_{AO}=[X\ \ Y\ \ Z]^{\mathrm{T}}$，这里$X\,Y\,Z$必须满足地球形状模型，即

$$\frac{X^2+Y^2}{A^2}+\frac{Z^2}{B^2}=1 \tag{2-1}$$

式中，（X，Y，Z）为SAR影像上任一点对应物点在WGS-84椭球下的三维坐标；$A=a_{\mathrm{e}}+h$；$B=b_{\mathrm{e}}+h$；h为该点的椭球高；$a_{\mathrm{e}}=6\ 378\ 137.0$和$b_{\mathrm{e}}=6\ 356\ 752.3$分别为WGS-84地球椭球的长短半轴。式（2-1）是描述地球形状的模型，它确定了一个椭球面。

设卫星的位置矢量用$\boldsymbol{R}_{SO}=[X_S\ \ Y_S\ \ Z_S]^{\mathrm{T}}$表示，速度矢量用$\boldsymbol{V}_{SO}=[X_{SV}\ \ Y_{SV}\ \ Z_{SV}]^{\mathrm{T}}$表示。地面点$A$在影像上的坐标用（$i$，$j$）表示，$i$为方位向，$j$为距离向列号。目标到卫星的矢量$\boldsymbol{R}_{AS}$（$i$，$j$）$=\boldsymbol{R}_{SO}$（$t_{ij}$）$-\boldsymbol{R}_{AO}$，这里$t_{ij}$是雷达波束形心和目标相交的时间。卫星到目标的距离$R$是已知的，而$R$又是卫星矢量和目标矢量的函数，则有距离方程成立，即

$$R^2=(X-X_S)^2+(Y-Y_S)^2+(Z-Z_S)^2 \tag{2-2}$$

式中，$\boldsymbol{R}_{SO}$由卫星轨道数据给出，R由雷达回波时间和光速确定。

当雷达波束通过目标时，其多普勒频移为

$$f_{\mathrm{D}}=-\frac{2}{\lambda R}(\boldsymbol{R}_{SO}-\boldsymbol{R}_{AO})\cdot(\boldsymbol{V}_{SO}-\boldsymbol{V}_{AO}) \tag{2-3}$$

式中，f_{D}为该点对应的多普勒中心频率；$\boldsymbol{R}_{SO}$和$\boldsymbol{V}_{SO}$分别为该点成像时刻的卫星的位置矢量和速度矢量；$\boldsymbol{R}_{AO}$和$\boldsymbol{V}_{AO}$为该点的位置矢量和速度矢量；λ为雷达波长；R为该点成像时刻卫星和地面点的距离。式（2-3）描述了由SAR的多普勒方程确定的等多普勒面，点目标的回波数据在频率上出现偏移，偏移量正比于卫星与目标间的相对速度，由式（2-3）可知，等多普勒曲线为双曲线，如图2-2所示（杨杰，2004）。

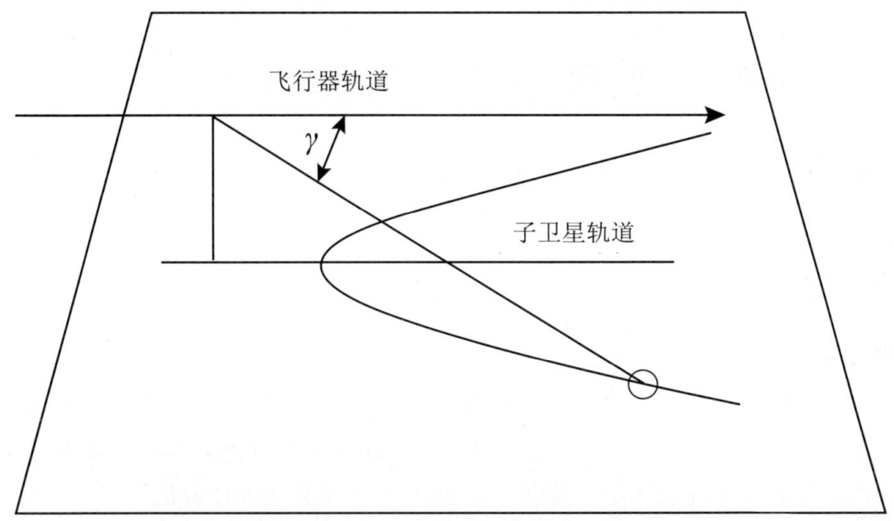

图2-2　等多普勒方程曲线示意图

由式（2-2）确定的等距离线和由式（2-3）确定的双曲线的交点确定目标影像的位置，如图2-3（杨杰，2004）所示。

SAR影像上任意点的三维空间坐标可以通过求解式（2-1）、式（2-2）、式（2-3）获得。

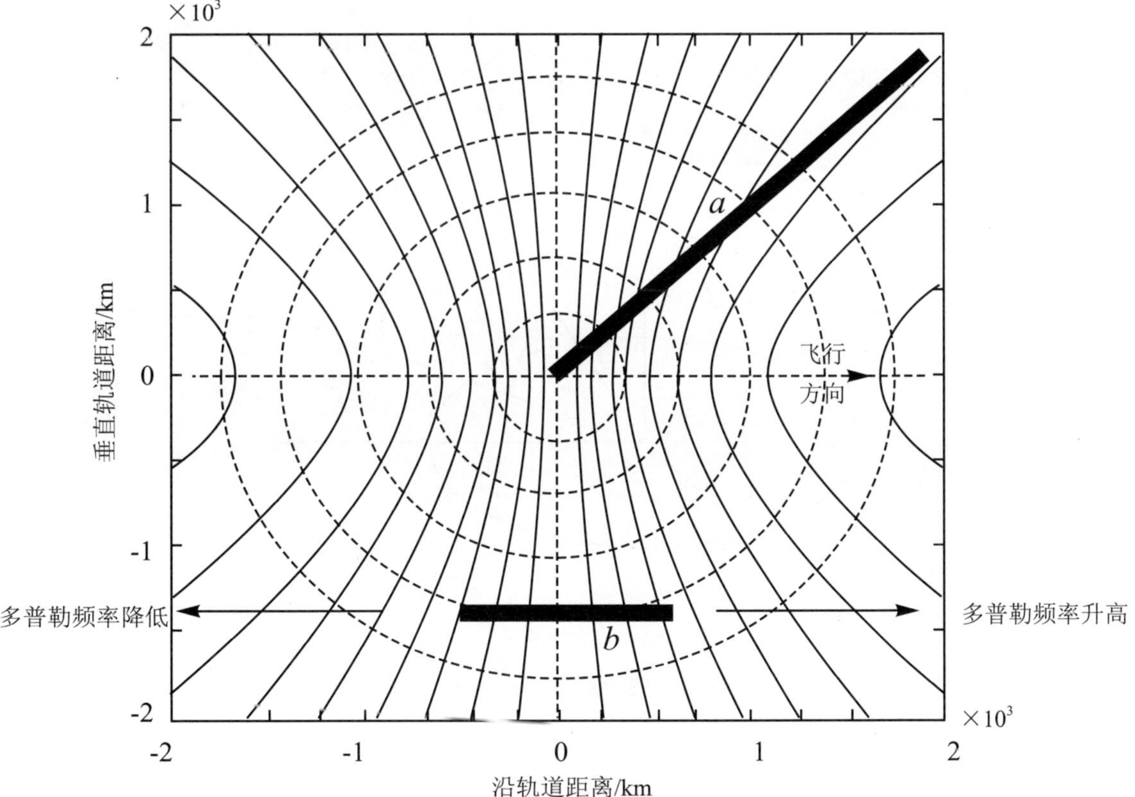

图2-3　等距离线和等多普勒线示意图

§2.2 距离-多普勒模型的定位方法

前面对SAR影像定位模型的形式进行了论述，本节将叙述利用距离-多普勒（R-D）模型进行直接、间接定位的方法。

2.2.1 直接定位方法

1. 数值算法

如果将地球模型看成一个真正的扁椭球体，只能采用繁杂的迭代过程才能得出目标位置的数值解。美国阿拉斯加卫星设备（Alaska Satellite Facility，ASF）在其公开的SAR处理程序中实现了一种数值算法（陈尔学，2005），又称为ASF算法❶。

在图2-4所示的地图坐标系（ECR）上建立局部坐标系S-xyz，其坐标原点与卫星的瞬时位置点S重合，z轴和$\boldsymbol{R}_{SO}$的方向一致。设过S点并和z轴垂直的平面为K，由z轴和$\boldsymbol{V}_{SO}$确定的平面为I，则x轴定义为K、I两个平面的交线，其方向满足$\boldsymbol{x}\cdot\boldsymbol{V}_{SO}>0$；$y$轴垂直$z$轴和$x$轴，使$S$-$xyz$为右手坐标系。图2-5为局部坐标系的放大显示，$A'$是$A$在$S$-$yz$平面上的投影点。

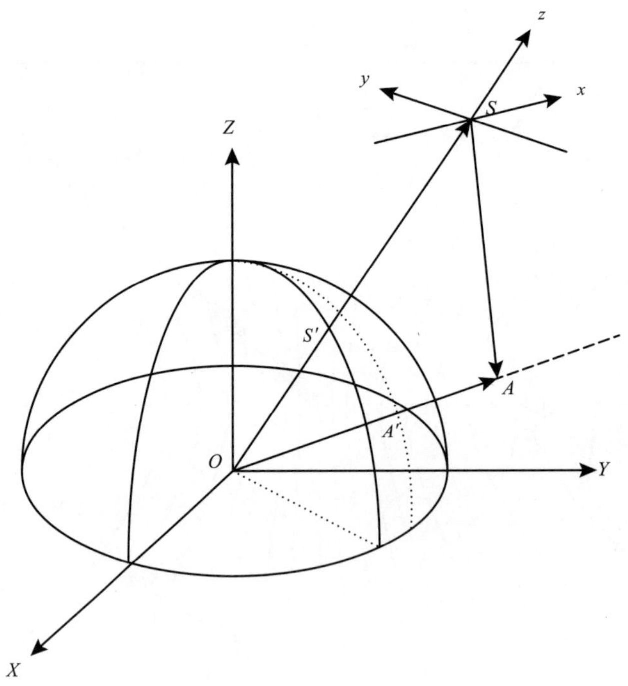

图2-4 ASF算法局部坐标系定义

❶ 相关信息还可参见http://www. asf. alaska. edu/。

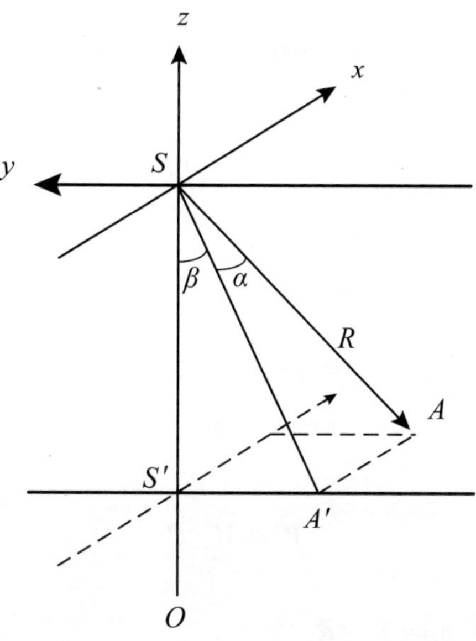

图2-5　局部坐标系的定义示意图

图2-5中，$\angle S'SA'$为雷达视角（look angle），用β表示；$\angle ASA'$为雷达斜视角（squint angle），用α表示。显然，在局部坐标系$S\text{-}xyz$中，由雷达指向地物的矢量$\boldsymbol{R}_{SA}$可以由α、β和$\boldsymbol{SA}$的长度R确定。

为了将$S\text{-}xyz$中定义的矢量$\boldsymbol{R}$转换到地心直角坐标系统$O\text{-}xyz$，需要坐标转换矩阵$\boldsymbol{M}$。实际上，确定了$S\text{-}xyz$坐标轴的单位矢量$\hat{\boldsymbol{x}}$，$\hat{\boldsymbol{y}}$，$\hat{\boldsymbol{z}}$，也就得到了坐标转换矩阵$\boldsymbol{M}$。设

$$\boldsymbol{M}=(\hat{\boldsymbol{x}}\quad \hat{\boldsymbol{y}}\quad \hat{\boldsymbol{z}})$$

根据局部坐标系的定义，可得

$$\left.\begin{aligned} \hat{\boldsymbol{z}} &= \frac{\boldsymbol{R}_{so}}{\left|\boldsymbol{R}_{so}\right|} \\ \hat{\boldsymbol{y}} &= \frac{\boldsymbol{R}_{so}\times \boldsymbol{V}_{so}}{\left|\boldsymbol{R}_{so}\cdot \boldsymbol{V}_{so}\right|} \\ \hat{\boldsymbol{x}} &= \boldsymbol{y}\times \hat{\boldsymbol{z}} \end{aligned}\right\} \tag{2-4}$$

可见，$\boldsymbol{M}$是卫星状态矢量的函数，在定位过程中都属于已知值。在$S\text{-}xyz$中，设$\boldsymbol{P}=(x_P, y_P, z_P)^{\mathrm{T}}$ 为自雷达S指向A的单位矢量，$\boldsymbol{P}$可以表示为SAR斜视角α和视角β的函数，即

$$\left.\begin{aligned} x_P &= \sin\alpha \\ y_P &= -\cos\alpha\sin\beta \\ z_P &= -\cos\alpha\cos\beta \end{aligned}\right\} \tag{2-5}$$

将在局部坐标系中$S-xyz$定义的$\boldsymbol{P}$转换到ECR坐标系中的，结果用$\boldsymbol{P'}=(X_P, Y_P, Z_P)^{\mathrm{T}}$表示（注意$\boldsymbol{P'}$在ECR坐标系中的坐标用大写字母表示，而$\boldsymbol{P}$在局部坐标系中的坐标是用小写字母表示的）。则有

$$\boldsymbol{P'} = \boldsymbol{M}\cdot\boldsymbol{P}$$

进而，在ECR坐标系中，距离向矢量$\boldsymbol{R}_{SA}$为

$$\boldsymbol{R}_{SA} = R\cdot\boldsymbol{P'} = \boldsymbol{R}\cdot\boldsymbol{M}\cdot\boldsymbol{P} \tag{2-6}$$

且有

$$\boldsymbol{R}_{AO} = \boldsymbol{R}_{SO} - \boldsymbol{R}_{AS} \tag{2-7}$$

式（2-7）用坐标展开可得

$$\left.\begin{aligned} X_A &= X_S - R\cdot X_P \\ Y_A &= Y_S - R\cdot Y_P \\ Z_A &= Z_S - R\cdot Z_P \end{aligned}\right\} \tag{2-8}$$

代入地球椭球模型即式（2-1）得

$$\frac{(X_S - RX_P)^2 + (Y_S + RY_P)^2}{(R_e + H_A)^2} + \frac{(Z_S - RZ_P)^2}{R_P^{\ 2}} = 1$$

从上式可解出R，即

$$R = \frac{-B \pm \sqrt{B^2 - 4AC}}{2A} \tag{2-9}$$

其中，

$$A = \frac{X_P^{\ 2} + Y_P^{\ 2}}{R_e^{\ 2}} + \frac{Z_P^{\ 2}}{R_P^{\ 2}}$$

$$B=\frac{2(X_S X_P+Y_S Y_P)}{{R_e}^2}+\frac{2Z_S Z_P}{{R_P}^2}$$

$$C=\frac{{X_S}^2+{Y_S}^2}{{R_e}^2}+\frac{Z_S^2}{{R_P}^2}-1$$

若卫星的指向$\boldsymbol{P}$已知，利用以上各式就可以计算出斜距R且式（2–9）中两个解中只有一个是合理的，进而根据式（2–6）和式（2–7）就可以计算出$\boldsymbol{R}_{AO}$。

分析以上过程，卫星S到地物A的向量$\boldsymbol{R}_{SA}$，方向由参数α和β决定；卫星到地物的距离由R决定。参数α和β确定后，卫星的指向就确定了，斜距R和f_D也就可以唯一求出来。反过来，若已知斜距R和f_D，根据以上关系式，就应该可以计算出α和β，进而求出地物的位置矢量$\boldsymbol{R}_{AO}$。这就是ASF算法的基本思路。

直接解法的目标是已知影像某像元的行列号（i，j）及该像元对应地物的高程H_A，求算该像元对应的地面目标的空间直角坐标$\boldsymbol{R}_{AO}=[X_A \quad Y_A \quad Z_A]^T$，进而转换为大地坐标$(L_A, \delta_A)$。

根据行号i，可以确定卫星的空间位置矢量$\boldsymbol{R}_{SO}$和速度矢量$\boldsymbol{V}_{SO}$；根据列号j，可以确定卫星到地物点的斜距R；多普勒频率f_D也可以根据（i，j）求出。

若将式（2–4）至（2–9）的计算过程用函数FR表示，则得到关于α和β的方程为

$$R=\mathrm{FR}\,(\alpha,\beta) \tag{2–10}$$

其中，只有α和β为未知参数。将式（2–7）代入式（2–3）可以得到

$$f_D=\mathrm{FD}\,(\alpha,\beta) \tag{2–11}$$

显然函数FD中也只有α和β为未知参数。利用FR、FD两个方程应该可以解出两个未知参数α和β的值。这两个方程的形式比较复杂，难于写出解析解来，但可以根据以上方程，采用数值迭代法给出数值解。

根据式（2–10），可以写出函数CalLook，即

$$\beta=\mathrm{CalLook}\,(R,\alpha) \tag{2–12}$$

也就是说，已知R和α便能解出β。利用数值解法写出式（2–12）的实现过程如下。

（1）初始化参数。令迭代次数$i=0$，并计算雷达视角初始值β_i，即

$$\beta_i=\cos^{-1}\left[\frac{|\boldsymbol{R}_{SO}|^2+R^2-{R_P}^2}{2|\boldsymbol{R}_{SO}|R}\right] \tag{2–13}$$

（2）将β_i和α代入式（2–10），计算出R'，则

$$\Delta R=R-R' \tag{2–14}$$

（3）计算入射角η，如图2-4所示，计算公式为

$$\left.\begin{aligned}\sin\eta &= \frac{|\boldsymbol{R}_{SO}|\sin\beta_i}{R_P} \\ \tan\eta &= \frac{\sin\eta}{\sqrt{1-\sin^2\eta}}\end{aligned}\right\} \tag{2-15}$$

（4）计算雷达视角的改变量$\Delta\beta$，即

$$\Delta\beta = \frac{\Delta R}{R\tan\eta} \tag{2-16}$$

（5）改变雷达视角的值，即

$$\beta_{i+1} = \beta_i + \Delta\beta \tag{2-17}$$

（6）判断循环终止条件：如果$\Delta R < 0.1$则转向（7）；否则，令i=i+1并转向（2）。

（7）输出β_{i+1}的值，结束。

在式（2-12）的基础上，就可以写出从R和f_D计算β和α的数值解算过程，该过程用$(\alpha,\beta)=\text{CalLookYaw}(R,f_D)$表示，其主要输入参数为$R$和$f_D$，输出结果为$\beta$和$\alpha$的值。通过迭代实现该过程的方法如下。

（1）令循环次数$i=0$，$\alpha=0$，$\beta_i=0$，$\Delta\alpha=0$。

（2）计算$\beta=\text{CalLook}(R,\alpha_i)$。

（3）将R、α_i和β代入式（2-11）计算出f_{De}（f_{De}是根据当前参数对多普勒频率的估计值）。

（4）计算$\Delta f_D = f_{De} - f_D$。其中，$f_D$是SAR系统测量得到的多普勒频率测量值；$\Delta f_D$表示估算值与测量值间的偏差。则计算

$$\Delta\alpha = -\frac{\Delta f_D\lambda}{2|\boldsymbol{V}_{SO}|}$$

判断如果$\Delta\alpha R<0.1$转向（5）；否则，令$\alpha_{i+1}=\alpha_i+\Delta\alpha$，$i=i+1$，并转向（2）。

（5）输出当前α_{i+1}和β后，利用式（2-4）至式（2-7）就可解出$\boldsymbol{R}_{AO}$，也就得到了目标点的ECR空间直角坐标(X_A,Y_A,Z_A)。

2. 初值迭代的直接定位算法[1]

直接定位时直接对式（2-1）至式（2-3）中的方程求解地面点的坐标（X,Y,Z）。

---

[1] 该部分内容参考自文献（Delft，2005）。

目前方法之一是通过迭代来求解，通过目标点的一个近似值计算出新的目标点位置，直到相邻两次计算出的位置差小于某一阈值时停止迭代。这就是3个方程求解3个未知数即X、Y、Z的非线性方程求解问题，可采用牛顿迭代法求解。对式（2-1）至式（2-3）移项形成3个关于未知数X、Y、Z的等式E_1、E_2、E_3，则有

$$\mathrm{d}\boldsymbol{A}=\begin{bmatrix}\dfrac{\partial E_1}{\partial X} & \dfrac{\partial E_1}{\partial Y} & \dfrac{\partial E_1}{\partial Z}\\ \dfrac{\partial E_2}{\partial X} & \dfrac{\partial E_2}{\partial Y} & \dfrac{\partial E_2}{\partial Z}\\ \dfrac{\partial E_3}{\partial X} & \dfrac{\partial E_3}{\partial Y} & \dfrac{\partial E_3}{\partial Z}\end{bmatrix} \tag{2-18}$$

在误差方程d$\boldsymbol{A}$中，未知数用dX表示；dX_0为给定初值，一般用辅助数据中的景中心坐标；dX_i=dX_{i-1}+dX_i；dY_i表示方程残差；dY_i=d$\boldsymbol{A}_i$ dX_i，直到$\Delta x<1\times10^{-6}$迭代终止，一般迭代小于等于4次可解出结果。

在实际计算中，由于已知像点坐标和高程，解算实质是求解目标点的经纬度。因此，可以把式（2-18）变换成直接对经纬度求偏导，即

$$\mathrm{d}\boldsymbol{A}=\begin{bmatrix}\dfrac{\partial E_1}{\partial B} & \dfrac{\partial E_1}{\partial L}\\ \dfrac{\partial E_2}{\partial B} & \dfrac{\partial E_2}{\partial L}\end{bmatrix}=\begin{bmatrix}\dfrac{\partial E_1}{\partial X}\cdot\dfrac{\partial X}{\partial B}+\dfrac{\partial E_1}{\partial Y}\cdot\dfrac{\partial Y}{\partial B}+\dfrac{\partial E_1}{\partial Z}\cdot\dfrac{\partial Z}{\partial B} & \dfrac{\partial E_1}{\partial X}\cdot\dfrac{\partial X}{\partial L}+\dfrac{\partial E_1}{\partial Y}\cdot\dfrac{\partial Y}{\partial L}\\ \dfrac{\partial E_2}{\partial X}\cdot\dfrac{\partial X}{\partial B}+\dfrac{\partial E_2}{\partial Y}\cdot\dfrac{\partial Y}{\partial B}+\dfrac{\partial E_2}{\partial Z}\cdot\dfrac{\partial Z}{\partial B} & \dfrac{\partial E_2}{\partial X}\cdot\dfrac{\partial X}{\partial L}+\dfrac{\partial E_2}{\partial Y}\cdot\dfrac{\partial Y}{\partial L}\end{bmatrix}$$

其中，大地经纬度（B, L）和大地高（H）与其三维直角坐标（X, Y, Z）的表达式为

$$\left.\begin{aligned}X&=(N+H)\cos B\cos L\\ Y&=(N+H)\cos B\sin L\\ Z&=[N(1-e^2)+H]\sin B\end{aligned}\right\} \tag{2-19}$$

式中，e为地球椭球第一偏心率，且

$$N=\frac{a}{\sqrt{1-e^2\sin^2 B}}$$

则

$$\frac{\partial N}{\partial B}=ae^2(1-e^2\sin^2 B)^{-\frac{3}{2}}\sin B\cos B$$

$$\frac{\partial X}{\partial B}=\frac{\partial N}{\partial B}\cos B\cos L-(N+H)\sin B\cos L$$

$$\frac{\partial X}{\partial L}=-(N+H)\cos B\sin L$$

$$\frac{\partial Y}{\partial B}=\frac{\partial N}{\partial B}\cos B\sin L-(N+H)\sin B\sin L$$

$$\frac{\partial Y}{\partial L}=(N+H)\cos B\cos L$$

$$\frac{\partial Z}{\partial B}=\frac{\partial N}{\partial B}(1-e^2)\ \sin B+[N(1-e^2)+H]\cos B$$

$$\frac{\partial Z}{\partial L}=0$$

2.2.2 间接定位方法[1]

SAR影像间接定位是把地面点间接定位到SAR影像平面，运行R-D方程来求解影像上像点坐标（i,j）。

该过程具体实现算法如下。

（1）把已知地面点A的坐标转为WGS-84直角坐标（X_A，Y_A，Z_A），得到A点的位置矢量$\boldsymbol{R}_{AO}$，相应速度矢量$\boldsymbol{V}_{AO}$=[0 0 0]^{T}。

（2）给定影像行的初始值i，将其转换为方位向时间t_i。

（3）根据已知的轨道数据通过插值算法求出t_i对应的卫星位置矢量$\boldsymbol{R}_{SO}$和速度矢量$\boldsymbol{V}_{SO}$。

（4）将$\boldsymbol{R}_{SO}$、$\boldsymbol{V}_{SO}$、$\boldsymbol{R}_{AO}$、$\boldsymbol{V}_{AO}$代入多普勒方程即式（2-3）求出f_{De}。根据辅助数据计算多普勒频率测量值f_{D}，则可以推算时间改变量，其公式为

$$\mathrm{d}t=\frac{f_{\mathrm{De}}-f_{\mathrm{D}}}{f'_{\mathrm{D}}}$$

式中，多普勒频率变换率f'_{D}可以通过数值微分方法近似解出。

（5）更新时间 $t_i=t_{i-1}+\mathrm{d}t$。

（6）重新计算f_{De}、f_{D}，判断$|f_{\mathrm{De}}-f_{\mathrm{D}}|$是否小于一个预先设定的极小值，若小于则迭代终止转向（8）；否则，转向（3）继续迭代运算。

（7）将t_i转换为对应行号i；由t_i对应的卫星位置$\boldsymbol{R}_{SO}$和$\boldsymbol{R}_{AO}$计算出斜距R，然后根据斜距测量辅助参数求出距离向列号j。

（8）当前（i,j）就是定位得到的SAR影像坐标。

[1] 该部分内容参考自文献（Delft，2005）。

§2.3　星载SAR的SLC产品与GEC产品严密成像几何模型

经过系统几何纠正处理的SAR影像就是GEC级别的SAR产品。一般认为，经过系统几何纠正的产品没有严密成像几何模型，故商业软件如PCI等都是采用多项式模型进行几何纠正，但这样不能完全消除地面高低起伏引起的投影差。因此，在研究GEC产品制作原理的基础上，本节将提出并构建SAR影像GEC产品的严密成像几何模型。

所谓成像几何模型就是建立影像点与地面点之间的数学模型，而SAR卫星的SLC产品基于距离–多普勒（R–D）方程利用SLC产品附带的轨道等信息投影到椭球面后，得到系统几何纠正后的GEC产品，因此根据GEC产品和SLC产品之间的几何关系，可构建GEC产品的严密成像几何模型。

2.3.1　SLC产品的严密成像几何模型

R–D算法是从SAR成像几何的角度来探讨SLC产品像点与物点之间的对应关系。它所依据的原理为：在距离向上，地面目标到雷达的等距离点的分布，是以星下点为圆心的同心圆束；在方位向上，卫星与地面目标相对运动所形成的等多普勒频移点的分布，是双曲线束；同心圆束和双曲线束的交点，就可以确定地面目标（杨杰，2004）。

SAR的SLC产品严密成像几何模型正变换，定义为从原始遥感影像像素坐标和影像中每个像素对应的高程数据到某一地面点地理坐标的变换过程，对应R–D模型的直接定位方法可以表示为

$$(D_{\text{lat}}, D_{\text{lon}}) = T(x, y, h) \tag{2-20}$$

式中，(x, y)为原始影像上的像素坐标，$(D_{\text{lat}}, D_{\text{lon}}, h)$为该点对应的地面点在WGS–84下的经纬度和椭球高坐标。

其反变换定义为从某一地面点地理坐标和对应的高程投影到原始影像像素坐标的变换模型，对应R–D模型的间接定位方法可表示为

$$(x, y) = T^{-1}(D_{\text{lat}}, D_{\text{lon}}, h) \tag{2-21}$$

2.3.2　GEC产品的严密成像几何模型

与SAR的SLC产品的严密成像几何模型的概念类似，所谓GEC产品的严密成像几何模型就是建立GEC产品上的像素坐标和对应的地面点坐标的关系。

由于GEC产品是由SLC产品通过系统几何纠正得到的，即GEC产品和SLC产品之间存在着严密的数学关系。通过该严密关系和SLC产品的严密成像几何模型，可推导出GEC产品上像素点和地面点坐标之间的关系，也就是GEC产品的严密成像几何模型。

已知某一点在椭球面上的大地坐标$(D_{\text{lat}}, D_{\text{lon}})$，其投影平面上的坐标为$(D_{\text{east}}, D_{\text{north}})$，

那么这两个坐标之间存在着函数关系，即投影变换关系（祝国瑞，2004）为

$$\left.\begin{array}{l} D_{\text{east}}=f_1\ (D_{\text{lat}}, D_{\text{lon}}) \\ D_{\text{north}}=f_2\ (D_{\text{lat}}, D_{\text{lon}}) \end{array}\right\} \tag{2-22}$$

式（2-22）是将大地坐标变换为投影面坐标的投影正变换，将投影面坐标转化为大地经纬度坐标称为投影反变换（祝国瑞，2004），即

$$\left.\begin{array}{l} D_{\text{lat}}=\varphi_1+(D_{\text{east}}, D_{\text{north}}) \\ D_{\text{lon}}=\varphi_2\ (D_{\text{east}}, D_{\text{north}}) \end{array}\right\} \tag{2-23}$$

投影面上的坐标（D_{east}，D_{north}）与GEC产品的像素坐标（x，y）之间存在着数学变换关系，从像素点坐标（x，y）变换到投影面坐标的变换公式为

$$\left.\begin{array}{l} D_{\text{east}}=a+xd_x \\ D_{\text{north}}=b+yd_y \end{array}\right\} \tag{2-24}$$

式中，a、b为偏移参数；d_x、d_y为影像分辨率。

由式（2-22）至式（2-24）可以推导出GEC产品的严密成像几何模型的正变换，即从GEC产品的像素坐标变换为该点的大地坐标。其步骤如图2-6所示。

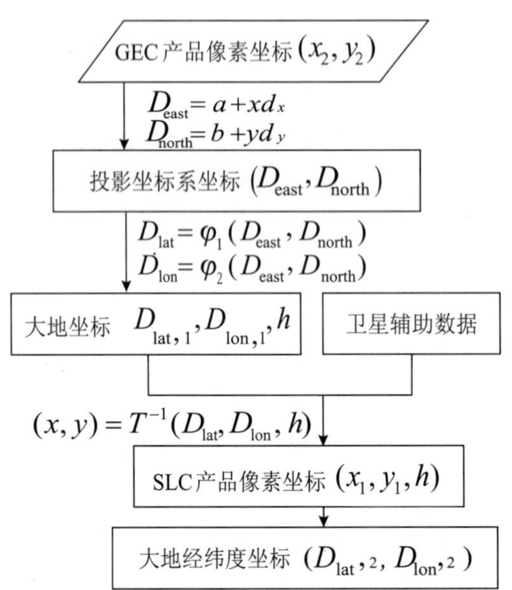

图2-6 GEC产品的严密成像几何模型的正变换

（1）根据式（2-24）将GEC产品上的像素坐标（x_2，y_2，h）（带高程信息）变换为投影面坐标（D_{east}，D_{north}，h）。

（2）根据式（2-23），将投影面坐标（D_{east}，D_{north}，h）反投影变换为大地坐标（$D_{\text{lat},1}$, $D_{\text{lon},1}$，h）。

（3）通过SLC产品严密成像几何模型的反变换公式即式(2-21)，将($D_{\text{lat},1}$, $D_{\text{lon},1}$，h）变换到SLC产品的像素坐标（x_1，y_1，h）。

（4）再通过SLC产品严密成像几何模型的正变换公式即式（2–20），将SLC影像上的像素坐标变换为大地经纬度坐标（$D_{lat,2}$，$D_{lon,2}$）。

上述变换就是GEC产品的严密成像几何模型的正变换。该过程中的数学变换、投影正反变换、SLC产品严密成像几何模型的正反变换都是严密的数学变换，因此所推导的GEC产品的成像几何模型也是严密的。

进而，可以推导出GEC产品严密成像几何模型的反变换算法，其步骤如下。

（1）由某点的大地经纬度坐标（$D_{lat,2}$，$D_{lon,2}$，h）通过SLC产品严密成像几何模型的反变换即式（2–21），计算该点在SLC产品上的像素坐标（x_1，y_1，h）。

（2）通过SLC产品严密成像几何模型反变换即式（2–20），将（x_1，y_1，h）变换为大地坐标（$D_{lat,1}$，$D_{lon,1}$，h）。

（3）根据投影变换公式即式（2–22）将（$D_{lat,1}$，$D_{lon,1}$，h）变化为投影面坐标（D_{east}，D_{north}）。

（4）根据式（2–24），由投影面坐标（D_{east}，D_{north}）计算GEC影像像素坐标（x_2，y_2）。

根据GEC产品的正反变换模型所构建的GEC产品的严密成像几何模型，涉及SLC产品的严密成像几何模型，所以该模型不能独立于SLC产品严密成像几何模型而直接应用。

GEC产品的严密成像几何模型正反变换都有迭代的过程，不能直接用于GEC产品的定向和定位。为此，需要找到一个简单的数学模型来替代GEC产品严密成像几何模型，以便于GEC产品的应用。例如，可以用RPC模型替代SAR产品GEC产品的严密成像几何模型而用于GEC产品的定向和定位。

第 3 章　星载SAR的RPC模型

§3.1　RPC模型

RPC模型，即有理多项式系数（rational polynomial coefficient）模型，将地面点大地坐标（D_{lat}，D_{lon}，D_{hei}）与其对应的像点坐标 (s, l) 用比值多项式关联起来。为增强参数求解的稳定性，将地面坐标和影像坐标正则化到-1和1之间。对于一幅遥感影像，定义比值多项式（OGC，2004；张过，2005）为

$$\left.\begin{aligned} Y &= \frac{N_l(P,L,H)}{D_l(P,L,H)} \\ X &= \frac{N_s(P,L,H)}{D_s(P,L,H)} \end{aligned}\right\} \tag{3-1}$$

式中，

$$\begin{aligned} N_l(P,L,H) = {} & a_1 + a_2L + a_3P + a_4H + a_5LP + a_6LH + a_7PH + a_8L^2 + a_9P^2 + \\ & a_{10}H^2 + a_{11}PLH + a_{12}L^3 + a_{13}LP^2 + a_{14}LH^2 + a_{15}L^2P + a_{16}P^3 + a_{17}PH^2 + \\ & a_{18}L^2H + a_{19}P^2H + a_{20}H^3 \end{aligned}$$

$$\begin{aligned} D_l(P,L,H) = {} & b_1 + b_2L + b_3P + b_4H + b_5LP + b_6LH + b_7PH + b_8L^2 + b_9P^2 + \\ & b_{10}H^2 + b_{11}PLH + b_{12}L^3 + b_{13}LP^2 + b_{14}LH^2 + b_{15}L^2P + b_{16}P^3 + b_{17}PH^2 + \\ & b_{18}L^2H + b_{19}P^2H + b_{20}H^3 \end{aligned}$$

$$\begin{aligned} N_s(P,L,H) = {} & c_1 + c_2L + c_3P + c_4H + c_5LP + c_6LH + c_7PH + c_8L^2 + c_9P^2 + \\ & c_{10}H^2 + c_{11}PLH + c_{12}L^3 + c_{13}LP^2 + c_{14}LH^2 + c_{15}L^2P + c_{16}P^3 + c_{17}PH^2 + \\ & c_{18}L^2H + c_{19}P^2H + c_{20}H^3 \end{aligned}$$

$$\begin{aligned} D_s(P,L,H) = {} & d_1 + d_2L + d_3P + d_4H + d_5LP + d_6LH + d_7PH + d_8L^2 + d_9P^2 + \\ & d_{10}H^2 + d_{11}PLH + d_{12}L^3 + d_{13}LP^2 + d_{14}LH^2 + d_{15}L^2P + d_{16}P^3 + d_{17}PH^2 + \\ & d_{18}L^2H + d_{19}P^2H + d_{20}H^3 \end{aligned}$$

其中，（P, L, H）为正则化的地面坐标；（X, Y）为正则化的影像坐标；其正则化公式为

$$
\left.\begin{aligned}
P &= \frac{D_{\mathrm{lat}} - D_{\mathrm{lat\_off}}}{D_{\mathrm{lat\_scale}}} \\
L &= \frac{D_{\mathrm{lon}} - D_{\mathrm{lon\_off}}}{D_{\mathrm{lon\_scale}}} \\
H &= \frac{D_{\mathrm{hei}} - D_{\mathrm{hei\_off}}}{D_{\mathrm{hei\_scale}}}
\end{aligned}\right\} \tag{3-2}
$$

$$
\left.\begin{aligned}
X &= \frac{s - s_{\mathrm{off}}}{s_{\mathrm{scale}}} \\
Y &= \frac{l - l_{\mathrm{off}}}{l_{\mathrm{scale}}}
\end{aligned}\right\} \tag{3-3}
$$

这里，a_i、b_i、c_i、d_i为RPC模型系数（i=1，…，20），其中b_1和d_1通常为1；$D_{\mathrm{lat\_off}}$、$D_{\mathrm{lat\_scale}}$、$D_{\mathrm{lon\_off}}$、$D_{\mathrm{lon\_scale}}$、$D_{\mathrm{hei_off}}$和$D_{\mathrm{hei_scale}}$为地面坐标的正则化参数；s_{off}、s_{scale}、l_{off}和l_{scale}为影像像素坐标的正则化参数。

RPC模型有9种不同的形式，不同形式对应的参数个数和需要的最少控制点也不同，见表3-1。

表3-1　RPC模型形式

<table>
<tr><th>形式</th><th>分　母</th><th>阶数</th><th>待求解RPC模型参数个数</th><th>需要的最少控制点数目</th></tr>
<tr><td>1</td><td rowspan="3">分母不相同
$D_s(P, L, H) \neq D_l(P, L, H)$</td><td>1</td><td>14</td><td>7</td></tr>
<tr><td>2</td><td>2</td><td>38</td><td>19</td></tr>
<tr><td>3</td><td>3</td><td>78</td><td>39</td></tr>
<tr><td>4</td><td rowspan="3">分母相同但不恒为1
$D_s(P, L, H) = D_l(P, L, H)$</td><td>1</td><td>11</td><td>6</td></tr>
<tr><td>5</td><td>2</td><td>29</td><td>15</td></tr>
<tr><td>6</td><td>3</td><td>59</td><td>30</td></tr>
<tr><td>7</td><td rowspan="3">分母相同且恒为1
$D_s(P, L, H) = D_l(P, L, H)$</td><td>1</td><td>8</td><td>4</td></tr>
<tr><td>8</td><td>2</td><td>20</td><td>10</td></tr>
<tr><td>9</td><td>3</td><td>40</td><td>20</td></tr>
</table>

§3.2 星载SAR的RPC拟合分析

3.2.1 星载SAR与推扫式光学卫星的遥感影像几何特性对比

在雷达测量中，由于地形起伏或高大建筑物等其他顶部的雷达回波先于底部被天线接收，故产生像点移位现象。类似于光学影像的立体观测法，视差原理也可以用在雷达测量中，即通过量测两幅影像的视差来计算相应地形的高程（Toutin，2003）。

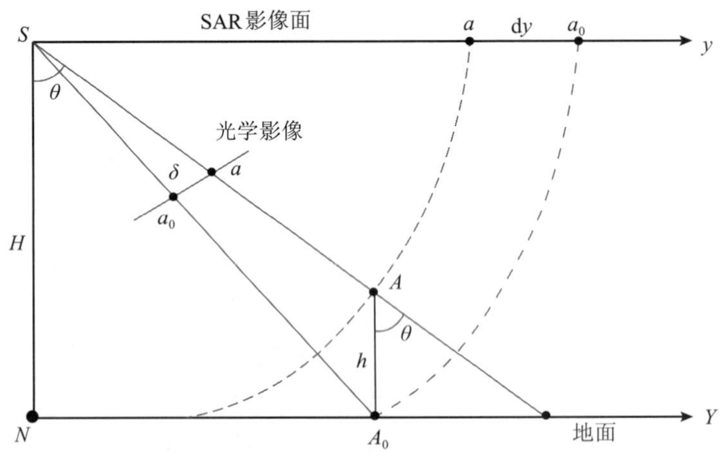

图3-1 地形起伏引起的影像移位

如图3-1（肖国超 等，2001）所示，地面点A在某一基准面上的垂直投影点为A_0，其高差$AA_0=h$，A与A_0在SAR像面上的构像为a和a_0，则$aa_0=\mathrm{d}y$即为高差h引起的像点移位。由图中几何关系可得

$$\mathrm{d}y=\frac{h\cos\theta}{m_y} \tag{3-4}$$

式中，θ为视角；m_y为距离向SAR影像比例尺分母。

而在线阵推扫式光学卫星遥感影像上，地形起伏引起的影像移位δ。由摄影测量学（金为铣，1996）可知

$$\delta=\frac{h\cdot r}{H} \tag{3-5}$$

式中，h为地物目标点对基准面的高差；H为摄站对基准面的高度（航高）；r为像底点至像点的辐射距离。

比较式（3-4）和式（3-5）可得到以下结论（肖国超 等，2001）。

（1）由于地形起伏而引起的影像移位，在SAR影像上是由于距离投影与垂直投影方式的差异而引起的；在光学摄影像片上是由于中心投影和垂直投影方式差异而引起

的。两者影像移位的参照点（地面点的垂直投影点对应的像点）是相同的。因此，由于地形起伏而引起的影像移位的性质在SAR影像和光学摄影像片上必然具有共同点。

（2）在SAR影像上和光学摄影像片上，由于地形起伏引起的影像移位大小，皆与地物目标点相对于基准面的高差h成正比。

（3）在SAR影像上影像移位随影像距底点的辐射距增大（θ角增大）而减小；在光学影像片上，影像移位随影像距底点的辐射距增大而增大。

（4）在SAR影像上，高出基准面的地物目标影像移位的方向是向着底点移位，在光学摄影像片上刚好相反。

3.2.2　星载SAR影像与推扫式光学卫星的遥感影像成像模型对比

在推扫式光学卫星遥感影像中，RPC模型的实质是地球表面一小范围的三维地形在二维影像平面上的中心投影关系（TAO et al，2001）。线阵推扫式成像传感器是逐行以时序的方式获取二维影像。一般是先在像面上形成一条线影像，然后卫星沿着预定的轨道向前推进，逐条扫描后形成一幅二维影像。影像上每一行像元在同一时刻成像且为中心投影，整个影像为多中心投影。星载SAR影像的成像方式，是卫星以一个脉冲重复间隔向地面发射电磁波，接收回波形成的影像，在多普勒中心频率归零后的影像中，影像上的一行就是相应地面三维地形的距离投影。

星载SAR影像与推扫式光学卫星遥感影像成像几何关系的最大区别：光学影像每行是地面三维地形中心投影所得，SAR影像每行是地面三维地形距离投影所得，二者由高程引起的像点位移方式不同。

由摄影测量学（金为铣，1996）可知，推扫式光学卫星遥感影像每行的成像几何关系为

$$x_i = -f\frac{a_1(X-X_{Si})+b_1(Y-Y_{Si})+c_1(Z-Z_{Si})}{a_3(X-X_{Si})+b_3(Y-Y_{Si})+c_3(Z-Z_{Si})} \tag{3-6}$$

式中，x_i为地面点对应在光学影像上某一行的像坐标。

由Leberl公式（Toutin，2000）可知，因雷达天线的瞬时位置到地面点之间的矢量长度与像坐标量测值应相等，则对于斜距显示的影像有

$$x_i = \frac{\sqrt{(X-X_{Si})^2+(Y-Y_{Si})^2+(Z-Z_{Si})^2}-R_0}{m} \tag{3-7}$$

式中，R_0为扫描延迟；x_i为地面点在斜距显示影像上距离向的像坐标；m为距离向影像比例尺分母。

分析式（3-6）、式（3-7）可知，类似于推扫式光学遥感影像成像的模型形式，SAR影像每行的距离投影同样可以用简单多项式表示，则在推扫式光学遥感影像成像几何关系能用RPC模型表示的前提下，星载SAR影像的成像几何关系也可以用RPC模型表示。

§3.3 星载SAR的RPC模型参数求解

本节将研究根据SAR严密成像几何模型求解RPC模型参数的方法，即无偏估计的RPC模型参数求解方法，从而可以获得精确无偏的RPC模型参数（秦绪文，2006）。

3.3.1 无偏估计的RPC模型参数求解方法

将式（3-1）变形为

$$\left.\begin{aligned} F_X &= N_s(P,L,H) - X \cdot D_s(P,L,H) = 0 \\ F_Y &= N_l(P,L,H) - Y \cdot D_l(P,L,H) = 0 \end{aligned}\right\} \tag{3-8}$$

则误差方程为

$$\boldsymbol{V} = \boldsymbol{B}\boldsymbol{x} - \boldsymbol{l} \tag{3-9}$$

式中，设i=1, ⋯, 20，j=2, ⋯, 20，则有

$$\boldsymbol{B} = \begin{bmatrix} \dfrac{\partial F_X}{\partial a_i} & \dfrac{\partial F_X}{\partial b_j} & \dfrac{\partial F_X}{\partial c_i} & \dfrac{\partial F_X}{\partial d_j} \\ \dfrac{\partial F_Y}{\partial a_i} & \dfrac{\partial F_Y}{\partial b_j} & \dfrac{\partial F_Y}{\partial c_i} & \dfrac{\partial F_Y}{\partial d_j} \end{bmatrix}$$

$$\boldsymbol{l} = \begin{bmatrix} -F_X^0 & -F_Y^0 \end{bmatrix}^{\mathrm{T}}$$

$$\boldsymbol{x} = \begin{bmatrix} a_i & b_j & c_i & d_j \end{bmatrix}^{\mathrm{T}}$$

式（3-9）的权矩阵为$\boldsymbol{W}$，在RPC参数求解中，一般为单位权矩阵，在形成法方程的时候省略。

根据最小二乘平差原理，可将误差方程变换为法方程，即

$$(\boldsymbol{B}^{\mathrm{T}}\boldsymbol{B})\boldsymbol{x} = \boldsymbol{B}^{\mathrm{T}}\boldsymbol{l} \tag{3-10}$$

当RPC模型采用二阶或者二阶以上的形式，解算其模型参数，会存在模型过度参数化的问题，RPC模型中分母的变化非常剧烈，导致设计矩阵($\boldsymbol{B}^{\mathrm{T}}\boldsymbol{B}$) 的状态变差，设计矩阵变为奇异矩阵，最小二乘平差不能收敛。在Tao等（2001）的RPC模型参数求解过程中以及后续国内外研究人员在研究不同遥感影像RPC模型参数求解过程中，均采用岭估计法确定岭参数k。虽然岭估计是克服法方程病态性的一种常用方法，能在某种程度上改善最小二乘估计，但是它存在两个问题。第一，由于岭估计改变了方程的等量关系，使得估计结果有偏。第二，岭参数的确定非常困难，且随意性很大，其估计结果与岭参数选择密切相关，若选择不同的岭参数，得到的估计结果可能大不相同，不具有可推广性。那么，当法方程的系数矩阵为秩亏时，就需要寻找一种算法既改善法方程的病态性，又不改变方程的等量关系，从而克服岭估计的两个缺点？王新洲等（2001）提出谱

修正迭代法求解法方程，不论法方程呈良态、病态或秩亏，其解算程序均不需加任何变化。该方法当法方程呈良态时，经几次迭代就可收敛到精确解；当法方程呈病态时，收敛速度稍慢，但估计结果无偏。该方法具体如下。

设有$(\boldsymbol{B}^{\mathrm{T}}\boldsymbol{B})\boldsymbol{x}=\boldsymbol{B}^{\mathrm{T}}\boldsymbol{l}$，将其两边同时加上$\boldsymbol{x}$，得到

$$(\boldsymbol{B}^{\mathrm{T}}\boldsymbol{B}+\boldsymbol{E})\boldsymbol{x}=\boldsymbol{B}^{\mathrm{T}}\boldsymbol{l}+\boldsymbol{x} \tag{3-11}$$

式中，$\boldsymbol{E}$ 为t阶单位矩阵，由于式子两边都含有未知参数$\boldsymbol{x}$，所以只能采用迭代的方法求解，其迭代公式为

$$\boldsymbol{x}^{(k)}=(\boldsymbol{B}^{\mathrm{T}}\boldsymbol{B}+\boldsymbol{E})^{-1}(\boldsymbol{B}^{\mathrm{T}}\boldsymbol{l}+\boldsymbol{x}^{(k-1)}) \tag{3-12}$$

3.3.2　无偏估计的RPC模型参数求解流程

RPC模型参数有与地形无关和与地形相关两种求解方式。在严密成像几何模型已知的情况下，采用与地形无关的求解方式；否则，采用与地形相关的求解方式，该方式需要给定一定数目的控制点（巩丹超 等，2003）。

当严密成像几何模型参数已知，可用严密成像几何模型建立地面点的立体空间格网和影像面之间的对应关系作为控制点来求解RPC模型参数。该方法求解RPC模型参数不需要详细的地面控制信息，仅仅需要该影像覆盖地区的最大高程和最小高程，属于地形无关的方法。其流程如图3-2所示，包含如下步骤。

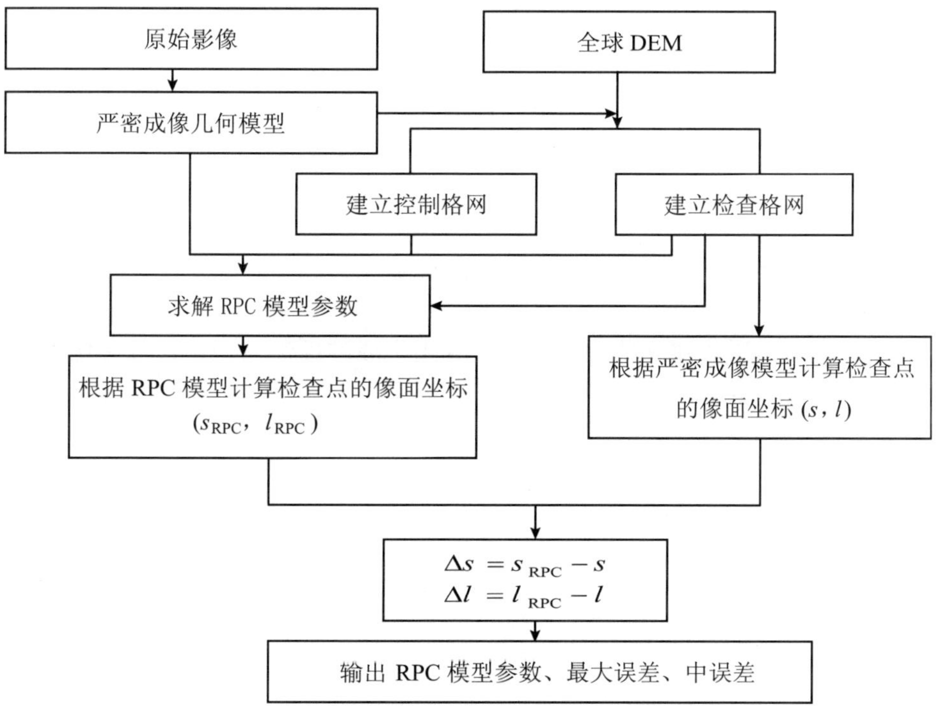

图3-2　RPC模型参数求解及精度分析流程图

1. 建立空间格网

由严密成像几何模型的正变换，计算影像的4个角点对应的地面范围；根据美国地质调查局提供的全球1km分辨率DEM（Global 30-arc-second Digital Elevation Model），计算该地区的最大最小椭球高。然后，在高程方向以一定的间隔分层，并在平面上以一定的格网大小建立地面规则格网（如将地面分为15×15的格网，就是将其对应影像范围分成15×15个网格，共有16×16个格网点；或者以一定的像素间隔如200像素×200像素，作为一个点），生成控制点影像坐标，以及该控制点对应的椭球高数据，最后利用严密成像几何模型的正变换，计算控制点的地面坐标。为了防止设计矩阵状态恶化，一般高程方向分层的层数超过2，如图3-3（Dial et al，2002）所示。

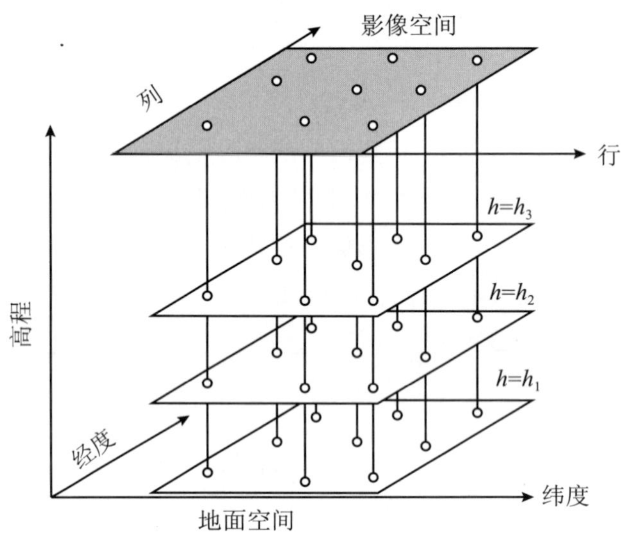

图3-3 空间格网示意图

加密控制格网和层，建立独立检查点。利用生成的控制点坐标计算影像坐标和地面坐标的正则化参数，即

$$\left.\begin{aligned}
D_{\text{lat_off}} &= \frac{\sum D_{\text{lat}}}{n} \\
D_{\text{lon_off}} &= \frac{\sum D_{\text{lon}}}{n} \\
D_{\text{hei_off}} &= \frac{\sum D_{\text{hei}}}{n} \\
s_{\text{off}} &= \frac{\sum s}{n} \\
l_{\text{off}} &= \frac{\sum l}{n}
\end{aligned}\right\} \tag{3-13a}$$

然后根据式（3-2）、式（3-3）将控制点和检查点坐标正则化（Dial et al，2002a），即

$$\left.\begin{aligned}
D_{\text{lat_scale}} &= \max\{\left|\max\{D_{\text{lat}}\}-D_{\text{lat_off}}\right| \cdot \left|\min\{D_{\text{lat}}\}-D_{\text{lat_off}}\right|\} \\
D_{\text{lon_scale}} &= \max\{\left|\max\{D_{\text{lon}}\}-D_{\text{lon_off}}\right| \cdot \left|\min\{D_{\text{lon}}\}-D_{\text{lon_off}}\right|\} \\
D_{\text{hei_scale}} &= \max\{\left|\max\{D_{\text{hei}}\}-D_{\text{hei_off}}\right| \cdot \left|\min\{D_{\text{hei}}\}-D_{\text{hei_off}}\right|\} \\
s_{\text{scale}} &= \max\{\left|\max\{s\}-s_{\text{off}}\right| \cdot \left|\min\{s\}-s_{\text{off}}\right|\} \\
l_{\text{scale}} &= \max\{\left|\max\{l\}-l_{\text{off}}\right| \cdot \left|\min\{l\}-l_{\text{off}}\right|\}
\end{aligned}\right\} \tag{3-13b}$$

2. **RPC模型参数求解**

采用本书提出的基于无偏估计的RPC模型参数求解算法，利用控制点来求解RPC模型参数a_i、b_j、c_i、d_j。

3. **精度检查**

用求解的RPC模型参数来计算检查点对应的影像坐标，通过由严密成像几何模型计算的检查点影像坐标的差值，评定求解RPC模型参数的像方精度。

§3.4　星载SAR的RPC模型正反变换

与利用SAR严密成像几何模型对卫星遥感影像进行几何纠正一样，基于RPC模型的SAR几何纠正同样需要直接定位和间接定位，即正反变换。

3.4.1　RPC模型的反变换

RPC模型的反变换比较简单，具体流程如下。

（1）将平面坐标和该点高程变换为WGS－84下的经纬度和椭球高。

（2）根据式（3-2），将地面坐标正则化。

（3）由式（3-1），计算像点的标准化坐标（X，Y）。

（4）由式（3-3），计算像点坐标（$\boldsymbol{s}$，$\boldsymbol{l}$）。

3.4.2 RPC模型的正变换

遥感影像的总体变形可看做是平移、缩放、旋转、仿射、偏扭、弯曲以及更高次的基本变形综合作用的结果，难以用一个简单的仿射变换来描述，但是对应一个无限小的局部区域，遥感影像的几何变形可以用一个包含平移、缩放和旋转关系的仿射变换来描述（秦绪文，2006）。

所谓正变换就是从原始遥感影像及其每个像素对应的高程数据到一定地图投影的变换过程。而对于RPC模型的正变换，就是根据影像坐标(x, y)计算对应的地面点坐标$(D_{\text{lat}}, D_{\text{lon}}, D_{\text{hei}})$的过程。

定义地面点坐标$(D_{\text{lat}}, D_{\text{lon}})$和影像坐标$(x, y)$存在近似的仿射变换关系，即

$$\left.\begin{aligned} D_{\text{lat}} &= f_0 + f_1 x + f_2 y \\ D_{\text{lon}} &= g_0 + g_1 x + g_2 y \end{aligned}\right\} \tag{3-14}$$

为描述正变换过程，首先需要根据RPC模型参数和某点地面坐标$(D_{\text{lat}}, D_{\text{lon}}, D_{\text{hei}})$计算该点经纬度附近像素的近似大小，方法如下。

利用RPC模型参数，根据RPC模型的反变换计算$(D_{\text{lat}}, D_{\text{lon}}, D_{\text{hei}})$对应的像素坐标$(x_1, y_1)$，然后计算$(D_{\text{lat}}+0.01D_{\text{lat_scale}}, D_{\text{lon}}, D_{\text{hei}})$对应的像素坐标$(x_2, y_2)$，则影像在该位置附近的像素大小可以近似计算为：

$$\varDelta = \frac{0.01D_{\text{lat\_scale}}}{\sqrt{(x_1-x_2)(x_1-x_2)+(y_1-y_2)(y_1-y_2)}} \tag{3-15}$$

正变换的具体求解过程可以表述为

（1）根据设置的高程D_{hei}，利用RPC反变换模型计算以$(D_{\text{lat_off}}, D_{\text{lon_off}})$为中心，以$D_{\text{lat_scale}}$和$D_{\text{lon_scale}}$为边长的矩形区域的4个角点，即

$$\begin{aligned} &(D_{\text{lat\_off}} + 0.5D_{\text{lat\_scale}}, D_{\text{lon\_off}} + 0.5D_{\text{lon\_scale}}) \\ &(D_{\text{lat\_off}} - 0.5D_{\text{lat\_scale}}, D_{\text{lon\_off}} + 0.5D_{\text{lon\_scale}}) \\ &(D_{\text{lat\_off}} + 0.5D_{\text{lat\_scale}}, D_{\text{lon\_off}} - 0.5D_{\text{lon\_scale}}) \\ &(D_{\text{lat\_off}} - 0.5D_{\text{lat\_scale}}, D_{\text{lon\_off}} - 0.5D_{\text{lon\_scale}}) \end{aligned}$$

以及中心点$(D_{\text{lat_off}}, D_{\text{lon_off}})$对应的影像像素坐标。

（2）利用上述5个点的经纬度坐标和影像像素坐标，根据式（3-14）计算整景影像的近似仿射变换参数。

（3）根据整景影像的近似仿射变换参数求解像点坐标(x, y)对应的近似经纬度坐标$(D_{\text{latp}}, D_{\text{lonp}})$。

（4）根据反变换模型计算地面点$(D_{\text{latp}}, D_{\text{lonp}}, D_{\text{hei}})$对应的像点坐标$(x_{\text{p}}, y_{\text{p}})$。

（5）计算残差，即

$$e_s = \left|x - x_{\text{p}}\right|$$
$$e_l = \left|y - y_{\text{p}}\right|$$
$$e = e_s^2 + e_l^2$$

如果综合残差e小于0.01像素，直接输出$(D_{\text{latp}}, D_{\text{lonp}})$作为$(x, y)$对应的经纬度坐标，即$D_{\text{lat}} = D_{\text{latp}}$，$D_{\text{lon}} = D_{\text{lonp}}$；否则，转至（6）。

（6）根据式（3-13）计算$(D_{\text{latp}}, D_{\text{lonp}}, D_{\text{hei}})$位置附近的影像的像素大小$\Delta$。

（7）根据设置的高程D_{hei}和参数，通过RPC模型的反变换求解$(D_{\text{latp}}, D_{\text{lonp}}, D_{\text{hei}})$、$(D_{\text{latp}}+e_s\Delta, D_{\text{lonp}}+e_l\Delta, D_{\text{hei}})$、$(D_{\text{latp}}-e_s\Delta, D_{\text{lonp}}+e_l\Delta, D_{\text{hei}})$、$(D_{\text{latp}}+e_s\Delta, D_{\text{lonp}}-e_l\Delta, D_{\text{hei}})$、$(D_{\text{latp}}-e_s\Delta, D_{\text{lonp}}-e_l\Delta, D_{\text{hei}})$对应的像点像素坐标，并根据该5个点对应影像坐标和经纬度坐标，根据式（3-1）计算以$(D_{\text{latp}}, D_{\text{lonp}})$为中心，以$2e_s\Delta$和$2e_l\Delta$为边长的矩形小区域的仿射变换参数；返回（3）。

§3.5　星载SAR的RPC模型参数求解实验

本实验采用高中低不同分辨率的星载SAR影像，分别包括高分辨率影像TerraSAR-X，COSMO-SkyMed和Radarsat-2，以及中低分辨率影像ALOS、JERS、ERS和ASAR。各影像数据的基本参数见表3-2。

表3-2　不同分辨率影像的基本参数

影像数据	位置	获取时间	影像大小（像素×像素）	雷达波长 / m	影像中心经纬度	影像级别
TerraSAR-X	中国四川冕宁地区	2007-12-13	30 276×16 192	0.031 1（X）	101.896° E 28.472° N	SLC
COSMO-SkyMed	中国天津地区	2008-04-09	19 366×18 960	0.031 2（X）	117.220° E 39.131° N	SLC
Radarsat-2	中国湖北地区	2008-06-24	9 264×11 263	0.056 0（C）	116.070° E 39.820° N	SLC
ALOS	威尼斯海岸区域	2007-04-24	1 536× 18 432	0.235 3（L）	12.363° E 45.328° N	SLC
JERS	澳大利亚森林区域	1995-01-01	5 433×18 055	0.235 3（L）	150.756° E 34.305° S	SLC
ERS	中国北京地区	1997-10-18	4 900×29 378	0.056 7（C）	117.746° E 39.182° N	SLC
ASAR	中国河北地区	2004-09-17	5 170×28 793	0.056 2（C）	114.321° E 36.778° N	SLC

3.5.1 TerraSAR-X影像RPC模型参数求解实验

1. 不同形式的RPC模型参数求解精度对比

该组实验的控制点格网大小为500像元×500像元，高程分5层，在每个格网中心计算一个检查点，结果见表3-3，并可得出以下结论。

（1）有分母的RPC模型比没有分母的RPC模型精度高，分母不相同的RPC模型比分母相同的RPC模型精度高。在三阶情况下，当$D_s(P, L, H) \neq D_l(P, L, H)$即分母不相同时，控制点像方平面精度为0.000 17像素，检查点像方平面精度为0.000 15像素；当$D_s(P, L, H) = D_l(P, L, H)$即分母相同但不恒为1时，控制点像方平面精度为0.000 68像素，检查点像方平面精度为0.000 60像素；当$D_s(P, L, H) = D_l(P, L, H) = 1$，即分母相同且恒为1时，控制点像方平面精度为0.002 28像素，检查点像方平面精度为0.002 02像素。

（2）三阶模型的精度比二阶模型的精度高，一阶模型的精度最差。当采用三阶RPC模型时，精度相当高。当$D_s(P, L, H) \neq D_l(P, L, H)$即分母不相同时，一阶模型检查点的像方平面精度为2.631 66像素，二阶模型检查点的像方平面精度为0.00 904像素，三阶模型检查点的像方平面精度为0.000 15像素。

（3）所有的三阶模型在控制点达到亚像素精度，在检查点同样达到亚像素精度，检查点和控制点的最大平面误差在0.02个像素以内。

因此，本书选取三阶模型的3种RPC模型形式对TerraSAR-X的卫星遥感影像开展后续实验。

表3-3 利用TerraSAR-X影像求解9种形式RPC模型参数的精度

模型形式	阶数	控制点残差 / 像素						检查点残差 / 像素					
		X		Y		平面		X		Y		平面	
		最大	中误差	最大	中误差	最大	中误差	最大	中误差	最大	中误差	最大	中误差
1	1	-8.632 73	2.238 64	-5.724 97	2.085 68	10.358 54	3.059 66	-5.346 68	1.776 66	-4.873 07	1.941 42	7.234 21	2.631 66
2	2	-0.050 29	0.010 51	-0.000 34	0.000 12	0.050 29	0.010 51	-0.029 00	0.009 04	-0.000 30	0.000 12	0.029 00	0.009 04
3	3	-0.000 76	0.000 13	0.000 24	0.000 10	0.000 77	0.000 17	0.000 32	0.000 11	0.000 22	0.000 10	0.000 37	0.000 15
4	1	-74.643 90	20.121 74	-144.370 00	34.567 58	162.42 88	39.997 52	-61.909 40	18.403 40	-128.620 00	31.767 88	142.631 30	36.713 53
5	2	-0.118 93	0.023 23	0.296 46	0.048 52	0.319 43	0.053 80	-0.105 77	0.019 99	0.247 06	0.042 94	0.268 75	0.047 37
6	3	0.001 86	0.000 34	-0.004 34	0.000 59	0.004 72	0.000 68	0.001 43	0.000 30	-0.003 60	0.000 52	0.003 86	0.000 60
7	1	-140.605 00	38.342 75	-11.278 10	2.727 56	140.605 00	38.439 64	-118.237 00	34.899 42	-10.048 40	2.562 89	118.237 70	34.993 40
8	2	-1.714 07	0.358 00	0.044 70	0.008 19	1.714 65	0.358 09	-1.3085 10	0.319 63	0.037 61	0.007 51	1.309 05	0.319 72
9	3	-0.010 62	0.002 28	0.000 26	0.000 12	0.010 62	0.002 28	-0.007 65	0.002 01	0.000 26	0.000 12	0.0076 5	0.002 02

2. 格网大小对RPC模型参数求解精度的影响

该组实验采用上述TerraSAR-X数据及5种不同格网样式（样式1：格网大小为4 000

像元×4 000像元；样式2：格网大小为2 000像元×2 000像元；样式3：格网大小为1 000像元×1 000像元；样式4：格网大小为500像元×500像元；样式5：格网大小为200像元×200像元），高程分5层，在控制点格网的平面和高程中心生成检查点，从而评价格网大小对RPC模型参数求解精度的影响。从表3-4的结果可以得出如下结论。

（1）随着每层控制点数目的增加，检查点平面中误差有变小的趋势，如图3-4所示。

（2）随着控制点格网变密，RPC模型的精度逐渐接近严密成像几何模型的精度。

因此，本书在后续的TerraSAR-X实验中采用500像元×500像元。

表3-4　格网大小对TerraSAR-X影像求解RPC模型参数精度的影响

格网样式	模型形式	控制点残差 / 像素						检查点残差 / 像素					
		Y		*X*		平面		*Y*		*X*		平面	
		最大	中误差	最大	中误差	最大	中误差	最大	中误差	最大	中误差	最大	中误差
1	3	-0.000 99	0.000 34	0.000 18	0.000 10	0.000 99	0.000 35	0.001 21	0.000 46	0.000 24	0.000 12	0.001 21	0.000 48
	6	0.005 38	0.002 25	-0.007 25	0.002 68	0.008 32	0.003 50	0.004 48	0.002 41	-0.005 34	0.001 70	0.005 87	0.002 95
	9	0.014 58	0.005 69	0.000 24	0.000 13	0.014 58	0.005 69	0.010 63	0.005 71	-0.000 22	0.000 12	0.010 63	0.005 71
2	3	0.000 68	0.000 24	0.000 20	0.000 11	0.000 69	0.000 26	0.000 49	0.000 21	-0.000 22	0.000 11	0.000 51	0.000 24
	6	0.002 34	0.000 55	-0.005 39	0.000 90	0.005 87	0.001 06	-0.001 13	0.000 38	-0.002 77	0.000 61	0.002 94	0.000 71
	9	-0.010 01	0.003 75	0.194 95	0.000 25	0.010 02	0.003 76	0.007 74	0.003 07	-0.000 25	0.000 12	0.007 74	0.003 08
3	3	-0.000 72	0.000 17	0.000 22	0.000 11	0.000 73	0.000 20	0.000 38	0.000 14	-0.000 20	0.000 10	0.000 42	0.000 18
	6	0.002 66	0.000 58	-0.006 39	0.000 98	0.006 92	0.001 14	0.001 49	0.000 49	-0.004 32	0.000 82	0.004 57	0.000 96
	9	-0.010 43	0.002 75	0.000 25	0.000 12	0.010 43	0.002 75	0.005 69	0.002 29	-0.000 25	0.000 12	0.005 69	0.002 30
4	3	-0.000 76	0.000 13	0.00024	0.000 10	0.000 77	0.000 17	0.000 32	0.000 11	0.000 22	0.000 10	0.000 37	0.000 15
	6	0.001 86	0.000 34	-0.004 34	0.000 59	0.004 72	0.000 68	0.001 43	0.000 30	-0.003 60	0.000 52	0.003 86	0.000 60
	9	-0.010 62	0.002 28	0.000 26	0.000 12	0.010 62	0.002 28	-0.007 65	0.002 01	0.000 26	0.000 12	0.007 65	0.002 02
5	3	-0.000 67	0.000 10	0.000 25	0.000 10	0.000 70	0.000 14	-0.000 43	0.000 08	0.000 25	0.000 10	0.000 36	0.000 13
	6	0.000 84	0.000 11	-0.002 04	0.000 25	0.002 20	0.000 28	0.000 77	0.000 10	-0.001 74	0.000 22	0.001 89	0.000 24
	9	-0.010 76	0.002 01	-0.000 26	0.000 12	0.010 76	0.002 02	-0.009 26	0.001 88	0.000 26	0.000 12	0.009 26	0.001 88

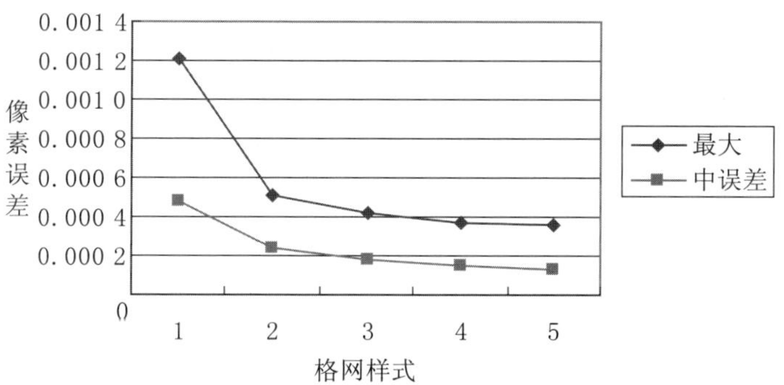

图3-4　模型形式3的检查点像方平面精度随格网大小变化趋势

3. 高程分层数对RPC模型参数求解精度的影响

该组实验的格网大小为500像元×500像元，高程分为2、3、4、5、6层，在控制点格网的平面和高程中心生成检查点，从而评价高程分层数对RPC模型参数求解精度的影响。从表3-5示的结果可以得出如下结论。

（1）随着高程分层数目的增加，检查点平面中误差有变小趋势，如图3-5所示。

（2）随着高程分层数目的增加，RPC模型的精度逐渐接近严密成像几何模型的精度。

从以上实验可以看出在控制点的格网大小采用500像元×500像元，高程分为5层时，分母不相同的三阶RPC模型（即模型形式3）求解的RPC参数检查点像方平面最大误差为0.000 37像素，平面精度为0.000 15像素，这与严密成像几何模型一致，因此可以取代严密成像几何模型进行摄影测量处理。

表3-5　高程分层对TerraSAR-X求解RPC模型参数精度的影响

高程层数	模型形式	控制点残差/像素						检查点残差/像素					
		Y		*X*		平面		*Y*		*X*		平面	
		最大	中误差	最大	中误差	最大	中误差	最大	中误差	最大	中误差	最大	中误差
2	3	-0.000 61	0.000 17	0.000 24	0.000 10	0.000 64	0.000 19	5.833 40	4.305 06	1.159 75	1.157 32	5.946 53	4.457 90
	6	0.002 36	0.000 45	-0.005 38	0.000 77	0.005 88	0.000 89	28.012 54	16.035 50	31.149 68	15.850 97	41.892 78	22.547 51
	9	-0.010 95	0.002 37	0.000 26	0.000 12	0.010 95	0.002 38	3 576.340 00	1934.248 00	-775.268 00	337.772 90	3588.011 00	1963.519 00
3	3	-0.000 72	0.000 15	0.000 24	0.000 10	0.000 73	0.000 18	0.010 51	0.007 03	0.000 23	0.000 10	0.010 51	0.007 03
	6	0.002 35	0.000 44	-0.005 35	0.000 75	0.005 85	0.000 87	0.011 99	0.005 16	-0.025 18	0.011 52	0.025 34	0.012 62
	9	-0.010 77	0.002 32	0.000 26	0.000 12	0.010 77	0.002 32	-0.026 66	0.019 56	0.000 28	0.000 12	0.026 66	0.019 56
4	3	-0.000 74	0.000 14	0.000 24	0.000 10	0.000 76	0.000 17	0.000 29	0.000 11	0.000 22	0.000 10	0.000 36	0.000 15
	6	0.002 09	0.000 39	-0.004 83	0.000 67	0.005 26	0.000 77	0.001 58	0.000 35	-0.004 00	0.000 59	0.004 30	0.000 69
	9	-0.010 68	0.002 29	0.000 26	0.000 12	0.010 68	0.002 29	-0.007 52	0.002 01	0.000 26	0.000 12	0.007 52	0.002 01
5	3	-0.000 76	0.000 13	0.000 24	0.000 10	0.000 77	0.000 17	0.000 32	0.000 11	0.000 22	0.000 10	0.000 37	0.000 15
	6	0.001 86	0.000 34	-0.004 34	0.000 59	0.004 72	0.000 68	0.001 43	0.000 30	-0.003 60	0.000 52	0.003 86	0.000 60
	9	-0.010 62	0.002 28	0.000 26	0.000 12	0.010 62	0.002 28	-0.007 65	0.002 01	0.000 26	0.000 12	0.007 65	0.002 02
6	3	-0.000 77	0.000 13	0.000 24	0.000 10	0.000 78	0.000 16	0.000 35	0.000 11	0.000 22	0.000 10	0.000 39	0.000 15
	6	0.001 67	0.000 30	-0.003 94	0.000 52	0.004 28	0.000 60	0.001 31	0.000 26	-0.003 28	0.000 46	0.003 52	0.000 53
	9	-0.010 59	0.002 27	0.000 26	0.000 12	0.010 59	0.002 27	-0.007 72	0.002 02	0.000 26	0.000 12	0.007 73	0.002 02

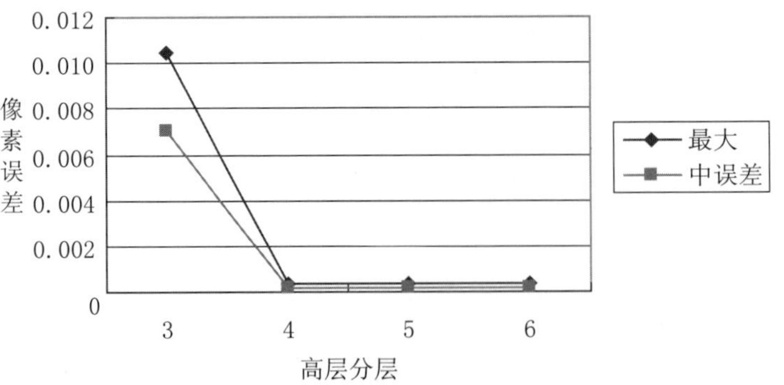

图3-5　模型形式3的检查点像方平面精度随高程分层变化趋势

3.5.2　SLC级别的不同SAR影像RPC模型参数求解实验

为证明RPC模型对不同SAR影像数据的适用性，这里对高中低不同分辨率的SAR影像进行RPC模型求解实验，表3-6中列出了对高中低分辨率影像建立RPC模型的格网大小和高程分层。

表3-6　不同SAR数据的RPC模型格网大小和高程分层

影像数据	控制点		检查点	
	格网大小（像素×像素）	高程分层	格网大小（像素×像素）	高程分层
COSMO-SkyMed	500×500	4	500×500	3
Radarsat-2	500×500	4	500×500	3
ALOS	500×500	4	500×500	3
JERS	500×500	4	500×500	3
ERS	500×500	4	500×500	3
ASAR	500×500	4	500×500	3

实验对分母相同的三阶RPC模型进行参数求解，实验结果见表3-7。

表3-7　不同数据求解分母相同的三阶RPC模型参数的精度

影像数据	控制点残差 / 像素						检查点残差 / 像素					
	Y		*X*		平面		*Y*		*X*		平面	
	最大	中误差	最大	中误差	最大	中误差	最大	中误差	最大	中误差	最大	中误差
COSMO-SkyMed（10^{-4}）	1.890 90	0.403 06	-6.770 27	2.159 85	6.772 41	2.197 13	-0.019 50	0.005 08	0.069 79	0.024 03	0.070 09	0.024 56
Radarsat-2（10^{-5}）	-4.613	0.739	-0.219	0.049	4.619	0.741	-3.329	0.674	-0.165	0.046	3.333	0.676
ALOS	0.000 12	0.000 03	-0.000 04	0.000 02	0.000 13	0.000 04	-0.000 37	0.000 21	0.000 05	0.000 02	0.000 37	0.000 21
JERS	-0.005 04	0.001 34	0.014 81	0.004 00	0.015 63	0.004 22	-0.005 04	0.001 32	0.014 81	0.003 99	0.015 63	0.004 21
ERS	0.003 88	0.001 80	0.000 08	0.000 03	0.003 88	0.001 80	0.003 24	0.001 77	0.000 12	0.000 03	0.003 24	0.001 77
ASAR	-0.001 31	0.000 34	0.011 70	0.005 89	0.011 70	0.005 90	-0.000 95	0.000 30	0.011 43	0.005 12	0.011 43	0.005 13

从表3-7中可以看出，无论对于COSMO-SkyMed或Radarsat-2这样高分辨率SAR影像，还是ALOS、JERS、ERS或ASRA这样的中低分辨率的SAR影像，对在控制点的格网大小采用500像元×500像元、高程分层为4、分母相同的三阶的RPC模型（即模型形式3）求解的RPC参数，其检查点像方平面最大误差约为0.001 5像素，平面精度都小于0.006个像素，这与严密成像几何模型精度保持一致，因此可以取代严密成像几何模型进行摄影测量处理。

3.5.3 GEC级别的不同SAR影像 RPC模型参数求解实验

SAR的GEC产品是由SLC影像经过地距投影纠正所得。为证明RPC模型同样对SAR的GEC影像数据适用，这里采用几种不同的高分辨率GEC影像进行RPC模型求解实验，包括TerraSAR-X，COSMO-SkyMed、Radarsat-2和ALOS。各影像数据的基本参数见表3-8。

表3-8 各种GEC影像基本参数

影像数据	位置	获取时间	影像大小（像素×像素）	雷达波长/m	影像中心经纬度
TerraSAR-X	中国四川绵阳	2008-05-17	56 400×42 400	0.031 1（X）	104.467° E 31.991° N
COSMO-SkyMed	中国平朔	2008-11-23	19 306×19 056	0.031 2（X）	112.369° E 39.420° N
Radarsat-2	中国山西	2009-10-06	1 0374×10 842	0.056 0（C）	112.327° E 39.495° N
ALOS	威尼斯近海域	2007-04-24	1 536× 18 432	0.235 3（L）	12.363° E 45.328° N

实验对分母不相同的三阶RPC模型进行参数求解，控制格网为200×200像素，高程分层为15，实验结果见表3-9。

表3-9 不同数据求解分母不同的三阶RPC模型参数的精度

影像数据	控制点残差 / 像素						检查点残差 / 像素					
	Y		*X*		平面		*Y*		*X*		平面	
	最大	中误差	最大	中误差	最大	中误差	最大	中误差	最大	中误差	最大	中误差
TerraSAR-X	-0.002 56	0.000 40	0.026 80	0.009 25	0.026 92	0.009 26	0.001 91	0.000 35	-0.021 25	0.009 28	0.021 20	0.009 28
COSMO-SkyMed	-0.007 86	0.002 15	0.012 09	0.003 73	0.012 49	0.004 31	-0.007 33	0.002 01	-0.009 42	0.003 60	0.010 44	0.004 12
Radarsat-2	-0.000 14	0.000 04	-0.000 15	0.000 06	0.000 20	0.000 07	-0.000 13	0.000 04	-0.000 14	0.000 06	0.000 19	0.000 07
ALOS	0.003 86	0.001 43	-0.000 77	0.000 29	0.003 93	0.001 46	0.003 25	0.001 33	0.000 66	0.000 27	0.003 31	0.001 35

从表3-9中可以看出，RPC模型能够很好地拟合高分辨率星载SAR的GEC的影像，尤其对于Radarsat-2影像能够达到很高的精度（检查点像方平面最大误差为0.000 19像素，检查点平面中误差为0.000 07像素）。对于TerraSAR-X，COSMO-SkyMed 和 ALOS的GEC影像，RPC模型也能达到较好的精度检查点像方平面最大误差约为0.02个像素，检查点平面精度皆小于0.01像素，这很好地与GEC的严密成像几何模型精度保持一致，因此可以取代严密成像几何模型进行摄影测量处理。

§3.6　星载SAR定向误差分析与平差模型

未校正的影像数据中存在着几何失真，对立体SAR像对定向来说，影响其精度的失真源可以归结为：① 传感器不稳定性；②卫星平台星历误差；③目标测距误差。与光学影像不同，SAR影像的定位不需要姿态传感器信息，其像素定位本身比光学传感器定位精度更高，因此姿态传感器定标精度不对SAR像素定位产生影响（ Curlander et al，1991）。Culander（1991）已在他的研究中对SAR几何定标的误差源进行了详尽的分析，在这里仅进行简要介绍。

3.6.1　传感器误差

传感器稳定性是控制数据块内部几何精度的关键因素。在这里，传感器误差主要指系统的漂移误差。本地振荡器的漂移影响了脉冲重复频率（pulse repetition frequency，PRF），从而产生沿航迹方向像素间隔误差，最终导致一个沿航迹方向的比例误差。一般情况下，本地振荡器的短时间漂移对影像几何失真的影响是可以忽略。直接影响数据块几何精度的第二类误差是飞行器时钟的漂移，它将产生目标经度估计值的误差，从而导致航迹方向产生一个线性的位置误差。

3.6.2　卫星平台星历误差

平台位置和速度可以分解为沿航迹方向误差、垂直航迹方向误差和径向位置误差共3个部分，下面将根据方位和距离的目标定位误差来评估这些误差的影响。

1. 沿航迹方向位置误差

沿航迹方向位置误差ΔR_x主要产生目标方位定位误差，其公式为

$$\Delta x_1 = \frac{\Delta R_x R_t}{R_s} \tag{3-16}$$

式中，ΔR_x是沿航迹方向传感器位置误差。ΔR_x误差引起的垂直航迹方向或距离定位误差忽略不计。

2. 垂直航迹方向位置误差

垂直航迹方向位置误差主要产生目标距离定位误差，其公式为

$$\Delta r_1 = \frac{\Delta R_y R_t}{R_s} \tag{3-17}$$

式中，ΔR_y是垂直航迹方向传感器位置误差。在这个新的垂直航迹方向目标位置上，一个小的方位目标偏差由地球旋转速率的漂移所产生，然而这个影响相当小，在大多数应

用中可以忽略不计。

3. 径向位置误差

传感器径向位置误差ΔR_z实际上是传感器高度H的估计误差，这会引起影像垂直航迹方向的比例误差。此外，在传感器径向位置给定变化的情况下，视角会发生变化。由于现行的轨道定位精度可达米级，这里可以将视角的变化看做一个线性变化，最终产生了一个近似线性的目标距离误差，即

$$\Delta r_2 \approx \frac{R\Delta\gamma}{\sin\eta} \tag{3-18}$$

式中，$\Delta\gamma$是视角的变化；η是入射角；R是斜距。

并且一个径向传感器位置误差也会带来多普勒偏移，从而导致方位向上近似线性的目标定位误差，即

$$\Delta x_2 \approx \frac{\Delta f_{Dc}\lambda R V_{sw}}{2V_{st}^{\ 2}} \tag{3-19}$$

式中，V_{st}是传感器相对于目标的速度大小；V_{sw}是成像带速度。

4. 传感器速度误差

纵向、横向和径向的传感器速度误差ΔV_x、ΔV_y、ΔV_z每项将产生一个方位向定位误差，它与该传感器的速度误差项在传感器—目标方向的投影成比例。从传感器速度误差项所产生的距离向定位误差可以忽略，然而横向速度误差将在影像上产生一个方位向的比例误差。

3.6.3 目标测距误差

传感器到目标的斜距由信号穿过大气的传播时间所决定，斜距误差由估算电子延时测量误差，或者在电磁波传播速度中的无规则变化引起。两者皆会导致垂直航迹方向的一个线性的目标定位误差，即

$$\Delta r_3 = \frac{c\Delta\tau}{2\sin\eta} \tag{3-20}$$

式中，$\Delta\tau$是斜距定时误差；c为光速。

此外，因电子延时测量误差导致的测距误差，会导致一个入射角估值误差，这在SAR影像中会产生垂直航迹比例误差。

3.6.4 星载SAR的RPC平差模型

分析卫星系统参数对影像定位精度的影响需要改正两类误差：一类参数纠正行方向的误差；一类参数纠正列方向的误差。其中，行参数吸收传感器、平台星历和目标测距在行方向上的影响，列参数吸收传感器、平台星历和目标测距在列方向上的影响。对于

长时间的传感器本振漂移，需要添加一个列方向的比例误差。一些微小的随机误差在这里可忽略不计。

因此，这里提出的RPC平差模型可以采用定义在影像面的仿射变换来校正这两类误差。仿射变换模型形式与Grodecki等（2003）在就光学遥感影像使用RPC模型进行平差的文章中提出的一阶多项式相同，但其系数因吸收不同的误差参数而具有不同的意义。在影像上定义仿射变换（ Dial et al，2002a，2002b；Grodecki et al，2003；Zhang Guo，2005），即

$$\left.\begin{aligned}\Delta y &= e_0 + e_1 s + e_2 \\ \Delta x &= f_0 + f_1 s + f_2\end{aligned}\right\} \tag{3-21}$$

式中，Δy和Δx为控制点在影像坐标系中的量测坐标与真实坐标的差值，即平差值；e_0、e_1、e_2和f_0、f_1、f_2是影像的平差参数；l和s分别是控制点在影像坐标系中的行号和列号。因平差模型中的每一个平差参数都有它的物理意义，这样，RPC平差模型可以避免数值上的病态性问题。

参数e_0吸收所有沿航迹方向的误差，包括沿航迹方向的平台位置误差、径向平台位置误差引起的多普勒频移的行向部分、平台速度误差以及飞行器时钟漂移。这些物理参数共同造成了影像在行向的像素平移。同样的，参数f_0吸收了垂直航迹方向的误差，包括垂直航迹方向的平台位置误差、径向平台位置误差引起的视角变化、由估算电子延时测量误差或在电磁波传播速度中的无规则变化引起的斜距误差。这些物理参数共同造成了影像在列向的像素平移。

参数e_1吸收传感器本振偏移和平台沿轨方向的速度矢量误差，造成一个行向的比例误差。参数f_1吸收径向平台误差和测距误差引起的反射角测量误差，造成一个列向的比例误差。

同时，参数e_2和f_2也吸收少量的比例误差。

第 4 章　星载立体SAR区域网平差

对于航空摄影而言，区域网平差是在多条航线组成的区域内，根据少量的野外控制点和室内加密点的平面和高程坐标进行整体平差，解求加密点的平面、高程坐标和影像的方位元素的测量方法，其主要目的是为无野外控制点的地区测图提供定向的控制点和外方位元素。区域网平差被认为是利用航空影像和少量地面控制点条件下进行测地定位的一种精密方法（李德仁等，1992）。

本章采用RPC模型，将就高分辨率SAR影像的区域网平差问题，包括平差模型的提出、精细实验验证、最优布点方案以及多星多传感器卫星遥感影像的区域网平差进行深入的讨论。

§4.1　星载立体SAR区域网平差原理

4.1.1　区域网平差数学模型

从第3章可知，卫星遥感影像的RPC模型参数解求一般采用与地形无关的模式，通过卫星遥感影像的严密成像模型计算拟合而成，故存在较大的系统性误差。因此，可以通过影像自身之间的约束关系补偿RPC模型的系统误差来提高定位精度，这就是基于RPC模型的卫星遥感影像区域网平差的基本思想。

同样，在影像上定义类似式（3-21）的变换，根据基于RPC模型线性化的公式推导，可以对每个连接点列出线性方程，即

$$\left.\begin{aligned} v_x &= \left(\frac{\partial F_x}{\partial a_1}\Delta a_1+\frac{\partial F_x}{\partial a_2}\Delta a_2+\frac{\partial F_x}{\partial a_3}\Delta a_3+\frac{\partial F_x}{\partial b_1}\Delta b_1+\frac{\partial F_x}{\partial b_2}\Delta b_2+\frac{\partial F_x}{\partial b_3}\Delta b_3+\frac{\partial F_x}{\partial D_{\mathrm{lat}}}\Delta D_{\mathrm{lat}}+\frac{\partial F_x}{\partial D_{\mathrm{lon}}}\Delta D_{\mathrm{lon}}+\frac{\partial F_x}{\partial D_{\mathrm{hei}}}\Delta D_{\mathrm{hei}}\right)+F_{x0} \\ v_y &= \left(\frac{\partial F_y}{\partial a_1}\Delta a_1+\frac{\partial F_y}{\partial a_2}\Delta a_2+\frac{\partial F_y}{\partial a_3}\Delta a_3+\frac{\partial F_y}{\partial b_1}\Delta b_1+\frac{\partial F_y}{\partial b_2}\Delta b_2+\frac{\partial F_y}{\partial b_3}\Delta b_3+\frac{\partial F_y}{\partial D_{\mathrm{lat}}}\Delta D_{\mathrm{lat}}+\frac{\partial F_y}{\partial D_{\mathrm{lon}}}\Delta D_{\mathrm{lon}}+\frac{\partial F_y}{\partial D_{\mathrm{hei}}}\Delta D_{\mathrm{hei}}\right)+F_{y0} \end{aligned}\right\} \quad (4\text{-}1)$$

记为

$$\boldsymbol{V}=\boldsymbol{B}\boldsymbol{t}+\boldsymbol{A}\boldsymbol{X}-\boldsymbol{l} \quad (4\text{-}2)$$

同样可以对每个控制点列出线性方程，即

$$\left.\begin{aligned} v_x &= \left(\frac{\partial F_x}{\partial a_1}\ \Delta a_1 + \frac{\partial F_x}{\partial a_2}\ \Delta a_2 + \frac{\partial F_x}{\partial a_3}\ \Delta a_3 + \frac{\partial F_x}{\partial b_1}\ \Delta b_1 + \frac{\partial F_x}{\partial b_2}\ \Delta b_2 + \frac{\partial F_x}{\partial b_3}\ \Delta b_3\right) + F_{x0} \\ v_y &= \left(\frac{\partial F_y}{\partial a_1}\ \Delta a_1 + \frac{\partial F_y}{\partial a_2}\cdot \Delta a_2 + \frac{\partial F_y}{\partial a_3}\ \Delta a_3 + \frac{\partial F_y}{\partial b_1}\ \Delta b_1 + \frac{\partial F_y}{\partial b_2}\ \Delta b_2 + \frac{\partial F_y}{\partial b_3}\ \Delta b_3\right) + F_{y0} \end{aligned}\right\} \tag{4-3}$$

记为

$$\boldsymbol{V} = \boldsymbol{B}\boldsymbol{t} - \boldsymbol{l} \tag{4-4}$$

式中，

$$\boldsymbol{B} = \begin{bmatrix} \dfrac{\partial F_x}{\partial a_1} & \dfrac{\partial F_x}{\partial a_2} & \dfrac{\partial F_x}{\partial a_3} & \dfrac{\partial F_x}{\partial b_1} & \dfrac{\partial F_x}{\partial b_2} & \dfrac{\partial F_x}{\partial b_3} \\ \dfrac{\partial F_y}{\partial a_1} & \dfrac{\partial F_y}{\partial a_2} & \dfrac{\partial F_y}{\partial a_3} & \dfrac{\partial F_y}{\partial b_1} & \dfrac{\partial F_y}{\partial b_2} & \dfrac{\partial F_y}{\partial b_3} \end{bmatrix}$$

$$\boldsymbol{t} = \begin{bmatrix} \Delta a_1 & \Delta a_2 & \Delta a_3 & \Delta b_1 & \Delta b_2 & \Delta b_3 \end{bmatrix}^{\mathrm{T}}$$

$$A = \begin{bmatrix} \dfrac{\partial F_x}{\Delta D_{\mathrm{lat}}} & \dfrac{\partial F_x}{\Delta D_{\mathrm{lon}}} & \dfrac{\partial F_x}{\Delta D_{\mathrm{hei}}} \\ \dfrac{\partial F_y}{\Delta D_{\mathrm{lat}}} & \dfrac{\partial F_y}{\Delta D_{\mathrm{lon}}} & \dfrac{\partial F_y}{\Delta D_{\mathrm{hei}}} \end{bmatrix}$$

$$\boldsymbol{X} = \begin{bmatrix} \Delta D_{\mathrm{lat}} & \Delta D_{\mathrm{lon}} & \Delta D_{\mathrm{hei}} \end{bmatrix}^{\mathrm{T}}$$

$$\boldsymbol{l} = \begin{bmatrix} -F_{x0} & -F_{y0} \end{bmatrix}$$

$$\boldsymbol{V} = \begin{bmatrix} v_x & v_y \end{bmatrix}$$

因此，根据最小二乘平差构建法方程为

$$\begin{bmatrix} \boldsymbol{A}^{\mathrm{T}}\boldsymbol{A} & \boldsymbol{A}^{\mathrm{T}}\boldsymbol{B} \\ \boldsymbol{B}^{\mathrm{T}}\boldsymbol{A} & \boldsymbol{B}^{\mathrm{T}}\boldsymbol{B} \end{bmatrix} \begin{bmatrix} \boldsymbol{t} \\ \boldsymbol{X} \end{bmatrix} = \begin{bmatrix} \boldsymbol{A}^{\mathrm{T}}\boldsymbol{l} \\ \boldsymbol{B}^{\mathrm{T}}\boldsymbol{l} \end{bmatrix} \tag{4-5}$$

采用最小二乘进行求解，获得每个影像的方位元素和每个待定点的坐标。

区域网平差按照间接平差，通常必须要有足够的起始数据，至少需要两个平高控制点和一个高程控制点，才能确定平差的基准（李德仁等，1992）。当区域网中没有起始数据或起始数据缺少，误差方程系数矩阵秩亏，这样的区域网平差问题称为秩亏区域网平差。这时，可以采用和求解RPC模型参数一样的无偏估计方法，对缺少基准的秩亏卫星遥感影像区域网平差进行求解，获得无偏的地面点坐标和无偏的仿射变换参数。

将式（4-5）两边同时加上$\begin{bmatrix} \boldsymbol{t} \\ \boldsymbol{X} \end{bmatrix}$，得到

$$\left(\begin{bmatrix}\boldsymbol{A}^{\mathrm{T}}\boldsymbol{A} & \boldsymbol{A}^{\mathrm{T}}\boldsymbol{B}\\ \boldsymbol{B}^{\mathrm{T}}\boldsymbol{A} & \boldsymbol{B}^{\mathrm{T}}\boldsymbol{B}\end{bmatrix}+E\right)\begin{bmatrix}\boldsymbol{t}\\ \boldsymbol{X}\end{bmatrix}=\begin{bmatrix}\boldsymbol{A}^{\mathrm{T}}\boldsymbol{l}\\ \boldsymbol{B}^{\mathrm{T}}\boldsymbol{l}\end{bmatrix}+\begin{bmatrix}\boldsymbol{t}\\ \boldsymbol{X}\end{bmatrix} \tag{4-6}$$

式中，$\boldsymbol{E}$为和$\begin{bmatrix}\boldsymbol{A}^{\mathrm{T}}\boldsymbol{A} & \boldsymbol{A}^{\mathrm{T}}\boldsymbol{B}\\ \boldsymbol{B}^{\mathrm{T}}\boldsymbol{A} & \boldsymbol{B}^{\mathrm{T}}\boldsymbol{B}\end{bmatrix}$阶数相同的单位矩阵。由于式子两边都含有未知参数$\begin{bmatrix}\boldsymbol{t}\\ \boldsymbol{X}\end{bmatrix}$，所以只能采用迭代的方法求解，其迭代公式为

$$\begin{bmatrix}\boldsymbol{t}\\ \boldsymbol{X}\end{bmatrix}^{(k)}=\left(\begin{bmatrix}\boldsymbol{A}^{\mathrm{T}}\boldsymbol{A} & \boldsymbol{A}^{\mathrm{T}}\boldsymbol{B}\\ \boldsymbol{B}^{\mathrm{T}}\boldsymbol{A} & \boldsymbol{B}^{\mathrm{T}}\boldsymbol{B}\end{bmatrix}+\boldsymbol{E}\right)^{-1}\left(\begin{bmatrix}\boldsymbol{A}^{\mathrm{T}}\boldsymbol{l}\\ \boldsymbol{B}^{\mathrm{T}}\boldsymbol{l}\end{bmatrix}+\begin{bmatrix}\boldsymbol{t}\\ \boldsymbol{X}\end{bmatrix}^{(k-1)}\right) \tag{4-7}$$

在区域网平差中，地面点坐标近似值的确定也是一个关键问题，可以通过基于RPC模型的空间前方交会来提供区域网平差的初始值。

4.1.2 基于RPC模型的空间前方交会

基于RPC模型的空间前方交会是指由2张或2张以上影像的RPC模型参数和像点坐标来确定相应地面点在物方空间坐标系中坐标的方法，若该点出现在n张影像上，则可列出类似上面的方程$2n$个，而求解未知数的数目为3，因此可以用最小二乘平差求解。该方法是一种严密的，不受像片数目约束的空间前方交会方法（李德仁等，1992）。

§4.2 实验及结果分析

4.2.1 实验区及实验数据说明

本次实验区域位于广东省中南部的广州地区，地处东经113.00°到113.75°、北纬22.50°到23.25°之间。广州属丘陵地带，地势东北高、西南低，北部和东北部是山区，中部是丘陵、台地，南部是珠江三角洲冲积平原。图4-1为数据对测区的覆盖范围，影像①、②为TerraSAR-X影像对，影像③、④为COSMO-SkyMed影像对，影像⑤为SPOT 5影像。其中，SAR影像均为单视斜距复影像（即SLC产品），SPOT 5为全色1A级影像。表4-1列出了这5景数据的参数情况。

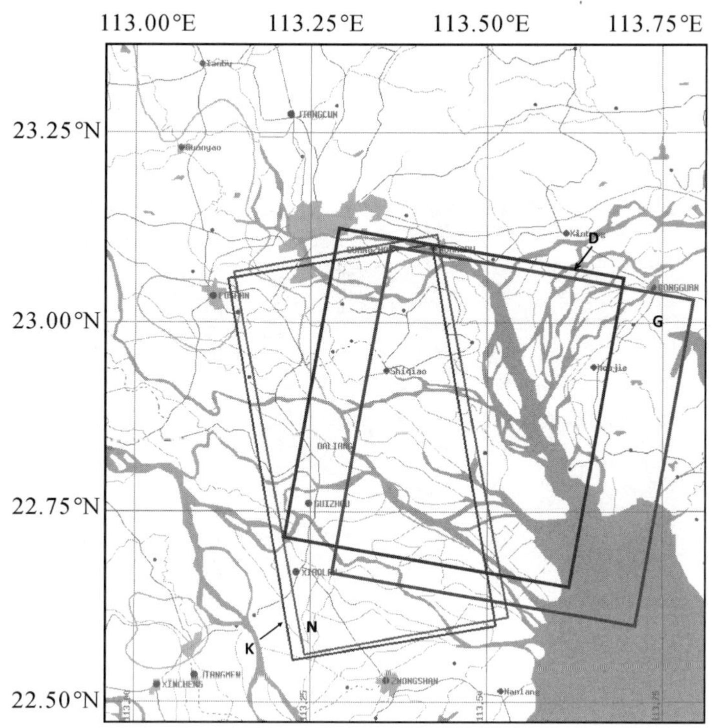

图4-1　SAR及光学影像测区覆盖示意图

表4-1　SAR及光学影像参数

影像号	影像种类	获取时间	升降轨及下视方向	下视角范围/(°)	影像大小 像素×像素	分辨率/m
①	TerraSAR-X	2010-01-19	升轨，右视	29.62～32.39	27 499×17 872	3
②	TerraSAR-X	2010-01-24	升轨，右视	46.65～48.51	30 490×16 576	3
③	COSMO-SkyMed	2010-01-31	降轨，右视	45.02～47.42	23 232×18 378	3
④	COSMO-SkyMed	2010-02-05	降轨，右视	22.16～26.03	26 032×18 427	3
⑤	SPOT 5 HRG	2007-12-03	—	2.28	24 000×24 000	2.5

4.2.2　星载立体SAR实验

1. 角反射器实验

1）角反射器的摆放与布设

为验证平差模型的适用性，可通过在立体成像区域均匀布设控制点和检查点的方法验证其精度。由于SAR独特的成像几何特征，使得SAR影像存在着斑点噪声，从而在影像对上提取同名点的精度不高。为了排除选点误差对验证平差模型误差的影响，这里采用布设人工角反射器（corner reflector，CR）点的方法来提高选点精度。CR技术就是指通过预先在测区范围内均匀布设一定数量尺寸、规格严格统一的人工角反射器即CR点，这些CR点位置稳定，对雷达波反射很强，在所获得的SAR影像中形成很亮的星状亮斑，可以在SAR影像上被准确地识别出来，如图4-2所示。

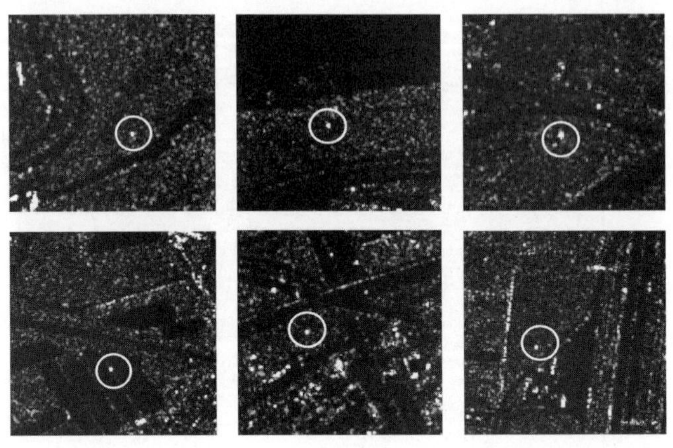

（a）角反射器在TerraSAR-X影像上的表现

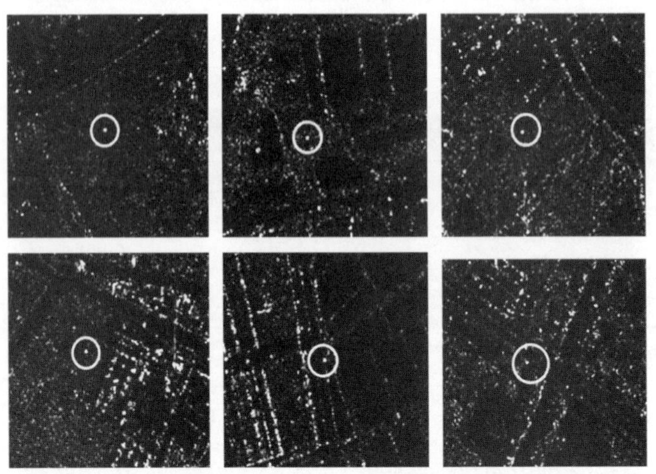

（b）角反射器在COSMO-SkyMed影像上的表现

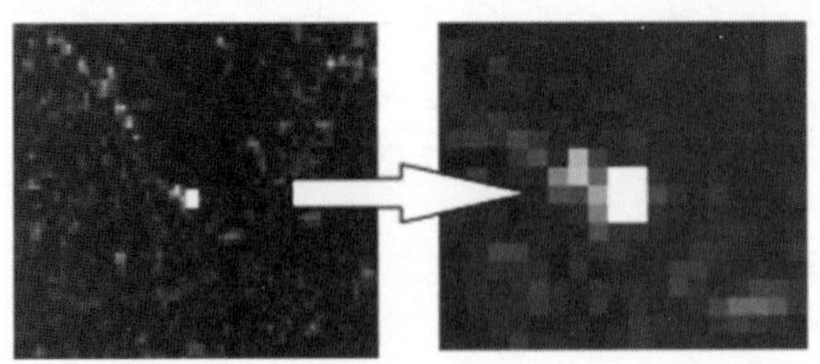

（c）放大显示

图4-2　角反射器在影像上的表现

人工角反射器的方向性十分明显。研究表明（Xia et al，2002，2004）：三面角反射器的方向性十分明显，当雷达波入射方向与角反射器的法线方向平行时，角反射器散射截面最大；角反射器的法线方向是指从角反射器顶点（即3个面相交的点）到开口面（等边三角形）的中心的连线。因此，在实际操作中需要根据SAR卫星轨道参数调整好角反射器的方位角与仰角，以使卫星过境时角反射器处于准确的姿态，在影像中呈现最好的信号特征。本次实验中采用的角反射器为铝制反射面，顶角开有小孔，供雨水流出，开口边长为1m，无底座支架，如图4-3所示。

图4-3　人工角反射器

具体的角反射器摆放方法如下。

（1）方位角（Xia et al，2002，2004）。根据所选取的雷达卫星传感器在获取SAR数据的轨道状态（升轨或降轨）以及下视方向（左视或右视）来调整角反射器的底边方位角，使得角反射器的底边方位向与卫星过境时的轨道方向平行。升轨为由南向北飞，降轨为由北向南飞。如图4-4所示，对于右视模式，当卫星升轨时，开口面应面向西南；当卫星降轨时，开口面应面向东南。

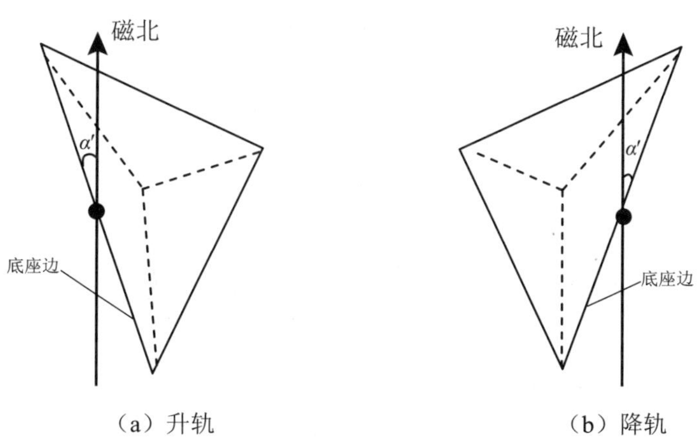

图4-4　不同轨道状态的角反射器安装示意图

方位向位置的摆放与卫星轨道倾角及角反射器所在纬度有关。计算人工角反射器底

边方位角的公式为

$$\alpha = \arcsin(\pm\frac{\cos i}{\cos\beta}) \tag{4-8}$$

式中，i为卫星轨道倾角，对TerraSAR-X有轨道倾角为98.5°，对于COSMO-SkyMed有轨道倾角为 97.86°；若接收降轨数据，cos$i$前则取负，若接收升轨数据则取正；β是人工角反射器安装地点的纬度。

这里α是人工角反射器底边与经线方向的夹角，计算出来的方向是相对真北方向，要计算相对磁北方向的夹角，还需要查询当地磁偏角。由于磁北比真北偏东，故实验时角度应为

$$\alpha' = \alpha \pm \varepsilon \tag{4-9}$$

式中，ε为当地磁偏角，广州磁偏角约为1° 09′。

（2）仰角（谌华，2006）。根据所选取的雷达卫星传感器在获取SAR 数据时的当地入射角，调整人工角反射器的仰角，使其法线方向与雷达波入射方向重合。用θ表示卫星过境当地入射角，则人工角反射器仰角γ的公式为

$$\gamma = 54.736° - \theta \tag{4-10}$$

如图4-5所示，在实际操作中，测定仰角不方便，一般是将底座边抬起对应的高度D（单位为米），即

$$D = 0.6\sin\gamma \tag{4-11}$$

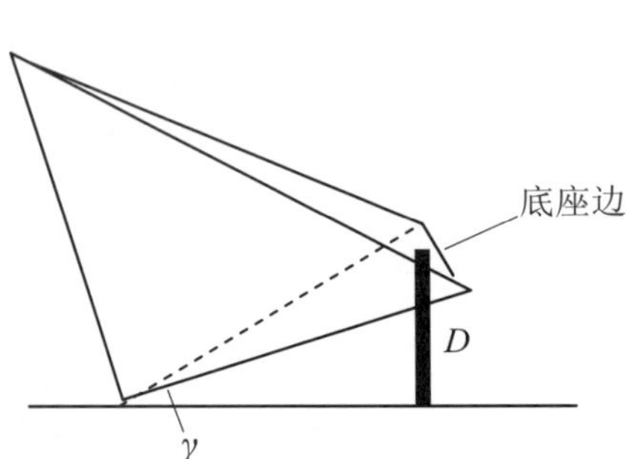

图4-5 对应仰角抬高示意图

注意：①角反射器的仰角是固定的，不随地点变化，而底边方位角随地点纬度变化而变化；②仰角误差对角反射器影像特征会产生影响，但能够保证其影像特征清晰；而方位角误差对角反射器影像特征的影响比仰角对角反射器影像特征的影响大，所以在野外架设角反射器时应精确地调整方位角，使其误差达到最小。

本次实验在TerraSAR-X和COSMO-SkyMed立体像对区域分别布设了6个角反射器，并通过GPS联网精确量测其地面三维坐标（平面与高程中误差小于0.05m）。角反射器在影像上的位置分布如图4-6所示。

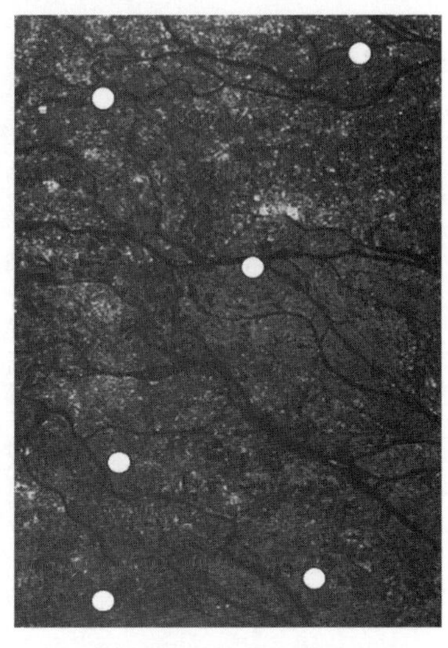

（a）TerraSAR-X

（b）COSMO-SkyMed

图4-6　角反射器在不同星载SAR影像上的分布

2）CR点的识别[1]

由于SAR卫星的分辨率有限，因此对测量目标像点位置造成一定的精度限制，为提高CR点提取精度，可采用亚像元提取技术。该方法是利用目标像点的灰度分布特性通过内插细分算法确定目标像点位置，从而使测量精度可以达到亚像元级。常用的细分算法有质心法、加权质心法、高斯面拟合法、抛物面拟合法等，它们都是通过构造一个尽可能精确反映目标区域像素灰度位置和目标像点质心位置之间关系的数学模型，从而实现对像点位置的精确估计。

下面主要讨论质心算法。其理论依据：星点目标质心的定位精度主要与目标影像灰度的轮廓和信噪比有关，可以通过一定的插值方法（如二次线性内插、sinc函数内插等），在目标成像区域内增加一些可利用的点以提高质心定位的精度。

在角反射器精确提取中，由于背景的不一致也可能导致提取精度的损失，因此需要在提取时对背景进行一定处理。这里提供背景差分处理和去均值背景处理两种思路。

背景差分处理的基本思想：提取亮斑的最亮点作为角反射器所在的初始位置，并以此亮点作为中心提取一个3×3（或5×5）的窗口；窗口内的像素逐次与中心点做较差，如果差值大于一定的阈值则认为此点为无效点，灰度赋0，若差值小于阈值，则保留其灰度。

去均值背景处理的基本思想：因为角反射器往往布设在背景比较单一的地点，因此在以最亮点为中心提取一个较大的窗口（如7×7），并假定最外圈的像素反映了背景的反射强度，计算最外圈的平均灰度为背景强度；窗口内的像素逐一减去这个背景强度

[1] 该部分内容参考自文献（Xia et al，2002，2004）。

（若出现负值则灰度赋0），再计算质心位置。

以上面的理论为依据，对一景COSMO-SkyMed上的4个CR点进行提取，结果见表4-2与表4-3。其中，表4-2采用的是sinc函数内插方式。

表4-2 不同阈值的背景差分处理实验结果

阈值	RMS_x / 像素	RMS_y / 像素	RMS_{xy} / 像素
200	47.116 7	12.441 6	48.731 7
300	47.119 6	12.483 6	48.745 3
500	47.043 5	12.508 4	48.678 0

表4-3 不同内插核的去均值背景处理实验结果

内插核	RMS_x / 像素	RMS_y / 像素	RMS_{xy} / 像素
sinc函数内插	47.052 5	12.503 6	48.685 5
双线性内插	47.414 4	12.307 0	48.985 6
最邻近点内插	47.428 1	12.302 4	48.997 7
双三次内插	47.046 4	12.505 5	48.680 1

从以上结果来看，各种方法提取的CR点的点位平差后结果相差约0.3像素，双三次内插与sinc函数内插方式获取的结果较好。背景差分处理的结果虽然有时优于去均值背景处理，但是其依赖于阈值的选择，总的来看，还是去均值背景处理的结果较为稳定。

3）实验结果

这里对TerraSAR-X和COSMO-SkyMed两个立体像对进行平差实验，6个CR点作为地面控制点或者检查点以验证平差模型的精度。实验结果见表4-4和表4-5。其中，σ_{plane}表示用平差模型反算出影像坐标与原影像坐标的单位权中误差，包含了3项误差，即平差模型误差、像点量测误差和地面点量测误差；由于利用角反射器做定向的像点量测精度很高，而地面CR点位置利用GPS联测的结果也在0.05m的误差内，故其可以表征平差模型的定向精度。

表4-4 TerraSAR-X像对平差结果

控制点布设方案	σ_{plane} / 像素	控制点中误差 / m		检查点中误差 / m	
		平面	高程	平面	高程
1 中心	0.129	—	—	0.789	3.036
2中心	0.150	—	—	0.928	1.445
3中心	0.070	—	—	0.122	0.181
4 角点	0.078	0.125	0.138	0.166	0.241
1中心，4角点	0.084	0.102	0.124	0.032	0.028
6点	0.085	0.110	0.127	—	—

表4-5 COSMO-SkyMde像对平差结果

控制点布设方案	σ_{plane} / 像素	控制点中误差 / m		检查点中误差 / m	
		平面	高程	平面	高程
1 中心	0.048	—	—	1.125	0.783
2中心	0.052	—	—	0.694	0.698
3中心	0.064	—	—	0.475	0.347
4 角点	0.071	0.102	0.199	0.304	0.092
1中心，4角点	0.072	0.270	0.176	0.174	0.003
6点	0.082	0.280	0.180	—	—

由表4-4和表4-5可以得出以下结论。

（1）对TerraSAR-X，最坏情况下的模型中误差不超过0.15像素，而对COSMO-SkyMed，最坏不超过0.082像素。这说明像面模型能很好地拟合立体SAR定向误差。

（2）1个控制点（中心）情况下，对TerraSAR-X，检查点中误差为平面0.789m、高程3.036m；对COSMO-SkyMed，检查点中误差为平面1.125m、高程0.783m；随着控制点个数的增加，对TerraSAR-X检查点中误差降低到平面0.032m、高程0.028m，而对COSMO-SkyMed，检查点中误差降低到平面0.174m、高程0.003m。这说明像面模型对星载立体SAR的平差有很高的精度。

2. 人工选点实验

在实际工程应用中，由于人工角反射器布设的方法成本很高，往往只能采用当地地形图或者数字正射影像图（digital orthophoto map，DOM）与DEM作为参考资料，通过人工选点的方法进行地面控制。这里利用广州地区1∶1万的DOM与DEM作为地理参考，选取控制点和检查点做立体SAR定向试验，这就涉及人工选点的工作。不同于CR技术所能达到的高精度点量测，人工选点受SAR影像斑点噪声的干扰，通常只能达到像素级。

1）人工选点原则

选择控制点时主要遵循的原则：①控制点要能控制整个影像，并尽可能均匀分布，特别是边界要有控制点；②尽可能地选择线条轮廓比较清晰的地物交叉点或拐点作为控制点。

（1）最适于作为控制点的点：小路交叉口、低矮建筑角点、强散射点、田间小路或者地块分界线等定位精度较高的点，这样很容易满足1个像元内的误差。另外，水塘的边缘在影像上也表现明显，但由于水面变化有可能影响精度。

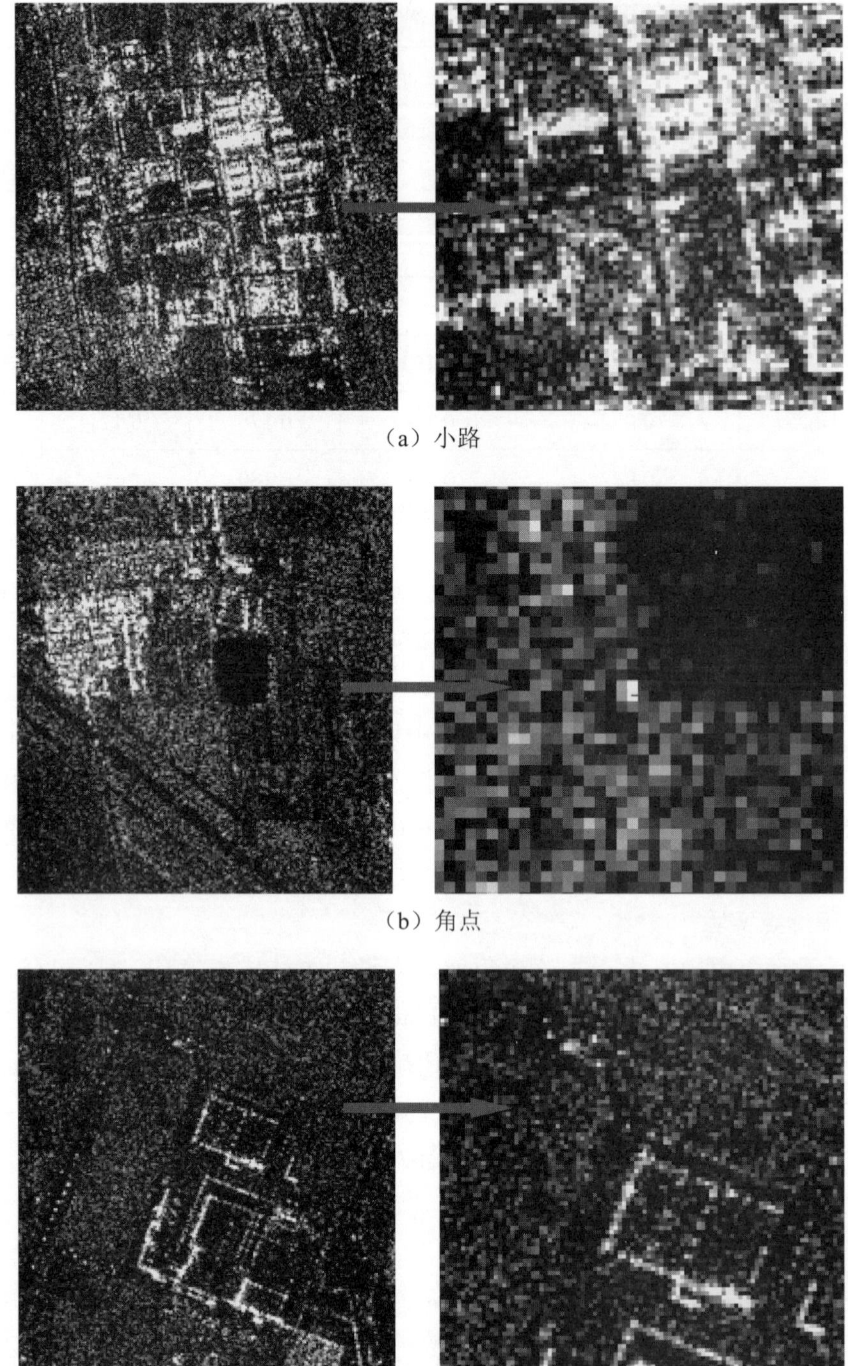

（a）小路

（b）角点

（c）低矮建筑角点

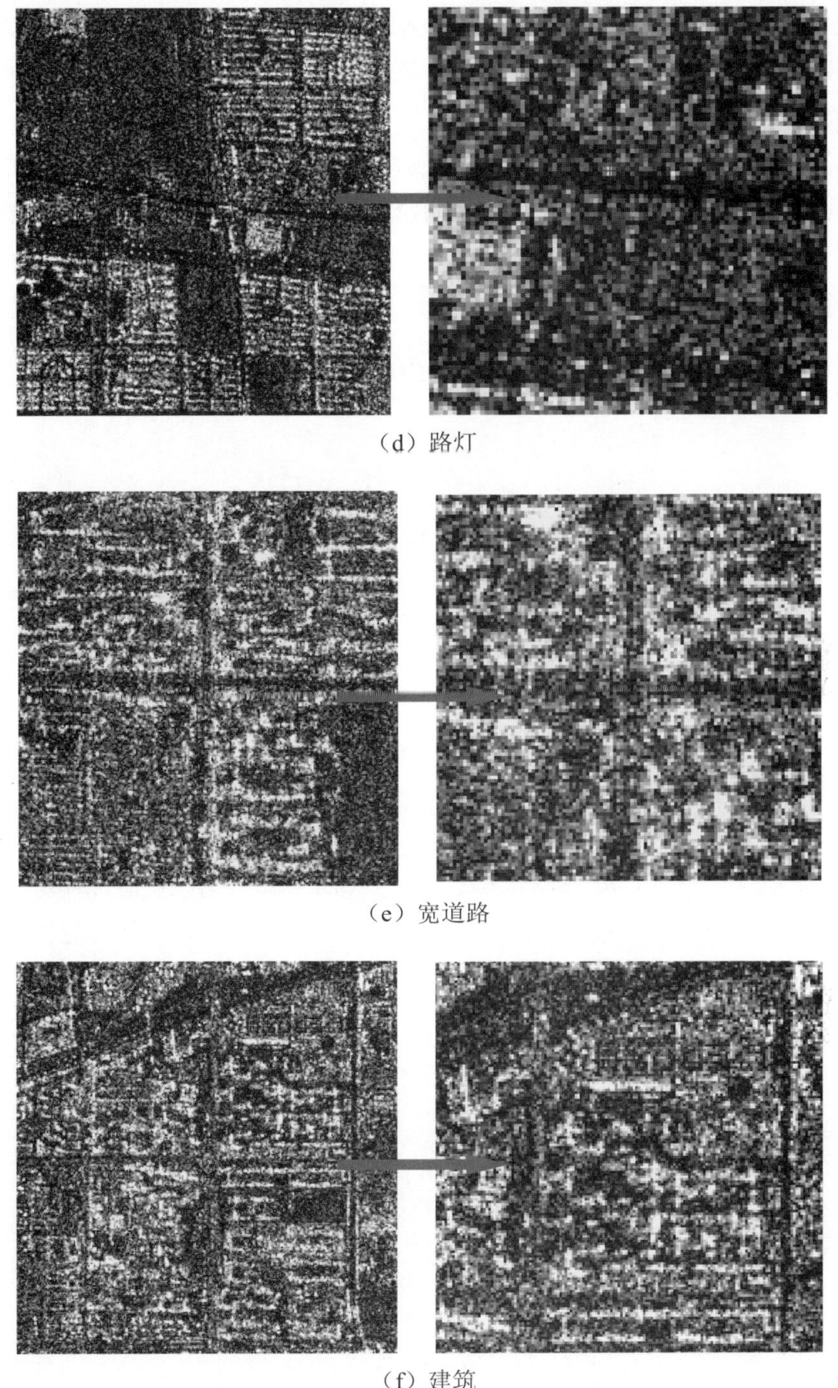

（d）路灯

（e）宽道路

（f）建筑

图4-7　控制点在TerraSAR-X数据上的定位情况

（2）比较适于作为控制点的点：如果最佳控制点不多，那么就要选择一些其他的控制点，这些控制点的精度可能不太高，一般在2个像素左右，但是仍可以达到要求。例如，较宽道路和稍高层建筑物角点交叉口等。

（3）不适合作为控制点的点：由于SAR影像的透视收缩、叠掩及阴影等特性，影像上的高层建筑物、高架桥，立交桥等复杂道路交点处也不适宜选取为控制点。另外，河流上的桥也尽量不要选为控制点。

因此，选取控制点时应尽量选取第一类地物点；如果点数不能满足要求的话，就要选择一些次要点，看看这些点对整体误差的影响；如果影响不大，就保留这些点；如果影响很大，就要重新选点。总之，要通过不断试验最终使精度满足要求。

2）最优控制点布设方案分析

从第3章可知，式（3–21）在影像上定义了量测影像坐标与经RPC计算后的影像坐标之间的平差关系，这个平差模型可重写为

$$\left.\begin{aligned} Y_i &= a_0 + a_1 y_i + a_2 x_i \\ X_i &= b_0 + b_1 y_i + b_2 x_i \end{aligned}\right\} \tag{4–12}$$

式中，Y_i和X_i为第i影像的量测坐标值；a_0、a_1、a_2和b_0、b_1、b_2为变换系统参数；y_i和x_i为第i影像经RPC计算后带有系统误差的坐标值。

刘文宝（1998）对式（4–12）推导了仿射变换模型参数误差估计的基本公式，进一步推导出了输入、输出数据间的误差传播通式。下面详细介绍其具体的推导过程。

（1）平差模型参数误差估计。

首先，将式（4–12）线性化，即将X_i、Y_i、x_i、y_i(i=1，2，…，n)看做独立观测量，改正值分别为v_{Y_i}、v_{X_i}、v_{y_i}、v_{x_i}，a_0、a_1、a_2和b_0、b_1、b_2为未知数，其改正值为Δa_0、Δa_1、Δa_2、Δb_0、Δb_1、Δb_2。写出误差方程通式为

$$\left.\begin{aligned} a_1 v_{y_i} + a_2 v_{x_i} - v_{Y_i} + \Delta a_0 + y_i \Delta a_1 + x_i \Delta a_2 + a_0 + a_1 y_i + a_2 x_i - Y_i = 0 \\ b_1 v_{y_i} + b_2 v_{x_i} - v_{Y_i} + \Delta b_0 + y_i \Delta b_1 + x_i \Delta b_2 + a_0 + a_1 y_i + a_2 x_i - Y_i = 0 \end{aligned}\right\} \tag{4–13}$$

表达成矩阵相乘形式为

$$\left.\begin{aligned} &\boldsymbol{A}_i \boldsymbol{V}_i + \boldsymbol{B}_i \hat{\boldsymbol{e}} + \boldsymbol{W}_i = \boldsymbol{0} \\ &\boldsymbol{A}_i = \begin{bmatrix} a_1 & a_2 & -1 & 0 \\ b_1 & b_2 & 0 & -1 \end{bmatrix} \\ &\boldsymbol{B}_i = \begin{bmatrix} 1 & y_i & x_i & 0 & 0 & 0 \\ 0 & 0 & 0 & 1 & y_i & x_i \end{bmatrix} \\ &\boldsymbol{W}_i = \begin{bmatrix} a_0 + a_1 y_i + a_2 x_i - Y_i \\ b_0 + b_1 y_i + b_2 x_i - X_i \end{bmatrix} \end{aligned}\right\} \tag{4–14}$$

式中，

$$\boldsymbol{V}_i = [v_{yi}\ v_{xi}\ v_{Yi}\ v_{Xi}]^{\mathrm{T}},\ \hat{\boldsymbol{e}} = [\Delta a_0\ \Delta a_1\ \Delta a_2\ \Delta b_0\ \Delta b_1\ \Delta b_2]^{\mathrm{T}}$$

显然式（4–14）是附有未知参数的条件平差标准模型。假定X_i、Y_i、x_i、y_i各观测值

之间等权且为p_i，而X_i、Y_i方差为σ_p^2，x_i、y_i方差为σ_c^2，方差单位权中误差$\sigma_0^2=1$。根据协方差传播定律，可得协因数阵为

$$\boldsymbol{Q}_{AA}^{(i)}=\frac{1}{\sigma_0^2}\boldsymbol{D}_A^{(i)}=\mathrm{diag}\left(\sigma_p^2,\ \sigma_p^2,\ \sigma_c^2,\ \sigma_c^2\right) \tag{4-15}$$

令$\boldsymbol{I}_2$为二阶单位矩阵，则有

$$\boldsymbol{N}_{A_iA_i}=\boldsymbol{A}_i\boldsymbol{Q}_{AA}^{(i)}\boldsymbol{A}_i^{\mathrm{T}}=\boldsymbol{\sigma}_p^2\begin{bmatrix}a_1^2+a_2^2 & a_1b_1+a_2b_2\\ a_1b_1+a_2b_2 & b_1^2+b_2^2\end{bmatrix}+\boldsymbol{\sigma}_c^2\boldsymbol{I}_2 \tag{4-16}$$

由于仿射变换可纠正像面的旋转（c）、缩放（λ）和两个平移（a_0, b_0），可写成

$$\begin{bmatrix}Y_i\\ X_i\end{bmatrix}=\begin{bmatrix}a_0\\ b_0\end{bmatrix}+\lambda\begin{bmatrix}\cos c & -\sin c\\ \sin c & \cos c\end{bmatrix}\begin{bmatrix}y\\ x\end{bmatrix} \tag{4-17}$$

对照式（4-12）有

$$a_1=\lambda\cos c, a_2=-\lambda\sin c, b_1=\lambda\sin c, b_2=\lambda\cos c$$

因此有

$$\left.\begin{aligned}&a_1=b_2\\ &a_2=-b_1\\ &\lambda^2=a_1^2+a_2^2=b_1^2+b_2^2\end{aligned}\right\} \tag{4-18}$$

将式（4-18）代入式（4-16）可得

$$\boldsymbol{N}_{A_iA_i}=\sigma_p^2\lambda^2\boldsymbol{I}_2+\sigma_c^2\boldsymbol{I}_2=\sigma_r^2\boldsymbol{I}_2 \tag{4-19}$$

式中，

$$\sigma_r^2=\lambda^2\sigma_p^2+\sigma_c^2$$

令$\boldsymbol{B}^{\mathrm{T}}=\begin{bmatrix}\boldsymbol{B}_1^{\mathrm{T}} & \boldsymbol{B}_2^{\mathrm{T}} & \cdots & \boldsymbol{B}_n^{\mathrm{T}}\end{bmatrix}$，$\boldsymbol{N}_{AA}=\mathrm{diag}\left[\boldsymbol{N}_{A_1A_{1i}},\boldsymbol{N}_{A_2A_2},\ \cdots,\ \boldsymbol{N}_{A_nA_n}\right]$，因此有

$$\boldsymbol{N}_{BB}=\sum_{i=1}^{n}\boldsymbol{B}_i^{\mathrm{T}}\boldsymbol{N}_{A_iA_i}\boldsymbol{B}_i=\mathrm{diag}\left(\boldsymbol{N}_B,\ \boldsymbol{N}_B\right) \tag{4-20}$$

式中，

$$\boldsymbol{N}_B=\frac{1}{\sigma_r^2}\begin{bmatrix}n & \sum y & \sum x\\ \sum y & \sum y^2 & \sum xy\\ \sum x & \sum xy & \sum x^2\end{bmatrix}$$

通过对控制点的位置分布进行最优设计，可使旋转参数的方差最小，此时矩阵$\boldsymbol{B}$为

列正交矩阵，因而有$\sum x=\sum y=\sum xy=0$，代入式（4-20），故而有

$$N_{BB}=\frac{1}{\sigma_r^2}\operatorname{diag}\left(n,\ \sum y^2,\ \sum x^2,\ n,\ \sum y^2,\ \sum x^2\right) \tag{4-21}$$

变换参数$\hat{e}$的协因数阵为

$$Q_{BB}=\frac{1}{N_B}=\sigma_r^2\operatorname{diag}\left(\frac{1}{n},\ \frac{1}{\sum y^2},\ \frac{1}{\sum x^2},\ \frac{1}{n},\ \frac{1}{\sum y^2},\ \frac{1}{\sum x^2}\right) \tag{4-22}$$

忽略单位权方差因子σ_0^2验前和验后值间的微小差别，则$\hat{e}$的协方差矩阵为

$$D_{BB}=\sigma_0^2 Q_B=\sigma_r^2\operatorname{diag}\left(\frac{1}{n},\ \frac{1}{\sum y^2},\ \frac{1}{\sum x^2},\ \frac{1}{n},\ \frac{1}{\sum y^2},\ \frac{1}{\sum x^2}\right)$$

顾及$\sigma_r^2=\lambda^2\sigma_p^2+\sigma_c^2$，$a_0$、$a_1$、$a_2$、$b_0$、$b_1$、$b_2$的方差为

$$\left.\begin{aligned}\sigma_{a_0}^2=\sigma_{b_0}^2&=\frac{\lambda^2\sigma_p^2+\sigma_c^2}{n}\\ \sigma_{a_1}^2=\sigma_{b_1}^2&=\frac{\lambda^2\sigma_p^2+\sigma_c^2}{\sum y^2}\\ \sigma_{a_2}^2=\sigma_{b_2}^2&=\frac{\lambda^2\sigma_p^2+\sigma_c^2}{\sum x^2}\end{aligned}\right\} \tag{4-23}$$

（2）平差模型平差误差估计。

根据式（4-12），第i幅影像上的第j点（$y_i^{(j)}, x_i^{(j)}$）经仿射变换后的结果为

$$\left.\begin{aligned}Y_i^{(j)}&=a_0+a_1 y_i^{(j)}+a_2 x_i^{(j)}\\ X_i^{(j)}&=b_0+b_1 y_i^{(j)}+b_2 x_i^{(j)}\end{aligned}\right\} \tag{4-24}$$

令$L_i^{(j)}=[\ Y_i^{(j)}\ \ X_i^{(j)}\ ]^{\mathrm{T}}$，并顾及$(y_i^{(j)}, x_i^{(j)})$的随机性，对式（4-24）利用协方差传播律可得

$$D\left(L_i^{(j)}\right)=\sigma_p^2\begin{bmatrix}a_1^2+a_2^2 & a_1b_2+a_2b_2\\ a_1b_2+a_2b_2 & b_1^2+b_2^2\end{bmatrix}+\begin{bmatrix}\sigma_{a_0}^2+y_i^{(j)}\sigma_{a_1}^2+x_i^{(j)}\sigma_{a_2}^2 & 0\\ 0 & \sigma_{b_0}^2+y_i^{(j)}\sigma_{b_1}^2+x_i^{(j)}\sigma_{b_2}^2\end{bmatrix} \tag{4-25}$$

将式（4-18）代入式（4-25），简化为

$$D\left(L_i^{(j)}\right)=\lambda^2\sigma_p^2 I_2+\operatorname{diag}\left(\sigma_{a_0}^2+y_i^{(j)}\sigma_{a_1}^2+x_i^{(j)}\sigma_{a_2}^2,\ \ \sigma_{b_0}^2+y_i^{(j)}\sigma_{b_1}^2+x_i^{(j)}\sigma_{b_2}^2\right) \tag{4-26}$$

由式（4-23）和式（4-26），得第j点坐标值经平差后的方差为

$$\sigma_{X_i^{(j)}}^2=\sigma_{Y_i^{(j)}}^2=\lambda^2\sigma_p^2+\frac{\sigma_r^2}{n}+\left(y_i^{(j)}\right)^2\frac{\sigma_r^2}{\sum y_i^2}+\left(x_i^{(j)}\right)^2\frac{\sigma_r^2}{\sum x_i^2} \tag{4-27}$$

由于量测坐标的精度较高，其误差可以忽略，即$\sigma_c^2=0$，则式（4-27）可简化为

$$\sigma_{X_i^{(j)}}^2=\sigma_{Y_i^{(j)}}^2=\left(1+\frac{1}{n}+\left(y_i^{(j)}\right)^2\frac{1}{\sum y_i^2}+\left(x_i^{(j)}\right)^2\frac{1}{\sum x_i^2}\right)\lambda^2\sigma_p^2 \tag{4-28}$$

由式（4-28）可见，平差结果的精度取决于以下几个因素：①控制点的位置($y_i^{(j)}$、$x_i^{(j)}$)和定向（σ_p^2）；②控制点的个数(n)和分布$\left(\sum y_i^2、\sum x_i^2\right)$；③尺度变换$\lambda$。

（3）特例分析。

四点仿射变换：为了分析方便，将影像坐标转化为像框标坐标系，如图4-8所示，点O（0,0）为原点，4个控制点的待平差坐标值为$A(-k,-h)$、$B(k,-h)$、$C(k,h)$、$D(-k,h)$。

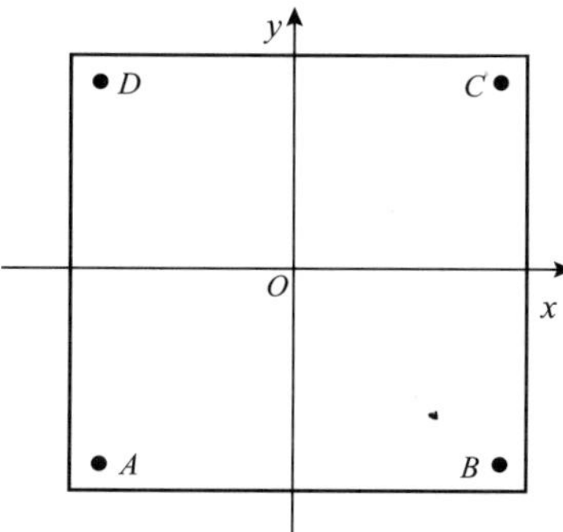

图4-8　四点仿射变换控制点分布

于是，有

$$\left.\begin{aligned}n&=4\\ \sum y_i^2&=4k^2\\ \sum x_i^2&=4h^2\end{aligned}\right\} \tag{4-29}$$

将式（4-29）代入式（4-28）可得

$$\sigma_{X_i^{(j)}}^2=\sigma_{Y_i^{(j)}}^2=\left(\frac{5}{4}+\frac{\left(y_i^{(j)}\right)^2}{4k^2}+\frac{\left(x_i^{(j)}\right)^2}{4h^2}\right)\lambda^2\sigma_p^2 \tag{4-30}$$

令$y_i^{(j)}=\mu k,\ x_i^{(j)}=\gamma h$，当$|\mu|\leqslant 1$且$|\gamma|\leqslant 1$，$j$点位于控制点$A$、$B$、$C$、$D$构成的多边形控制范围内；否则，位于控制多边形外。于是，式（4-30）变为

$$\sigma_{X_i^{(j)}}^2=\sigma_{Y_i^{(j)}}^2=\frac{1}{4}\left(5+\mu^2+\gamma^2\right)\lambda^2\sigma_p^2 \tag{4-31}$$

***N*点仿射变换**：类似与四点的情况，利用式（4–29）、式（4–30）、式（4–31）对应地可导出

$$\left.\begin{aligned}\sum y_i{}^2 &= Nk^2 \\ \sum x_i{}^2 &= Nh^2\end{aligned}\right\} \tag{4–32}$$

$$\sigma^2_{x_i^{(j)}} = \sigma^2_{Y_i^{(j)}} = \frac{1}{N}\left(1+N+\mu^2+\gamma^2\right)\lambda^2\sigma_p^2 \tag{4–33}$$

总结式（4–30）和式（4–33），可得出以下结论。

- 当 $\mu=\gamma=0$，即控制点位于控制中心时，则

$$\sigma^2_{x_i^{(j)}} = \sigma^2_{Y_i^{(j)}} = \frac{N+1}{N}\lambda^2\sigma_p^2$$

- 当 $|\mu|=|\gamma|=1$，即控制点位于控制区边界上，则

$$\sigma^2_{x_i^{(j)}} = \sigma^2_{Y_i^{(j)}} = \frac{N+3}{N}\lambda^2\sigma_p^2$$

- 当 $|\mu|<1$且 $|\gamma|<1$，即控制点在控制区域之内，则

$$\frac{N+1}{N}\lambda^2\sigma_p^2 \leqslant \sigma^2_{x_i^{(j)}} = \sigma^2_{Y_i^{(j)}} \leqslant \frac{N+3}{N}\lambda^2\sigma_p^2$$

- 当 $|\mu|>1$且 $|\gamma|>1$，即控制点位于控制区域之外，则

$$\sigma^2_{x_i^{(j)}} = \sigma^2_{Y_i^{(j)}} > \frac{N+3}{N}\lambda^2\sigma_p^2$$

总而言之，在控制点围绕着像对周边布设时，立体像对的大小和形状，以及立体像对中心是否布设有其他的控制点对平差精度的影响不大。

3）实验结果

根据上述最优控制点布设方案分析的结论，下面针对TerraSAR–X像对（影像①、②）采用4种不同构型或不同数量的控制点布设方案进行平差实验，所有的控制点只布设立体像对的周边。具体方案：①4条边控制方案；②4个角点控制方案；③8个点周边控制方案；④密周边控制方案。

此外，8个相同的检查点均匀分布在立体像对上，应用于以上4种方案。为表现模型误差的分布情况，平面和高程残差如图4–9所示。其中，控制点用实心三角形表示，检查点用空心圆形表示，高程误差矢量在竖直方向用虚线表示，平面误差矢量用实线表示。

平差结果在表4–6中列出，可以看出，单位权中误差σ_{plane}的值都在0.5像素，说明影

像坐标的量测误差在DOM与DEM下得到了较好的控制，且RPC平差模型也取得了很好的定向精度。

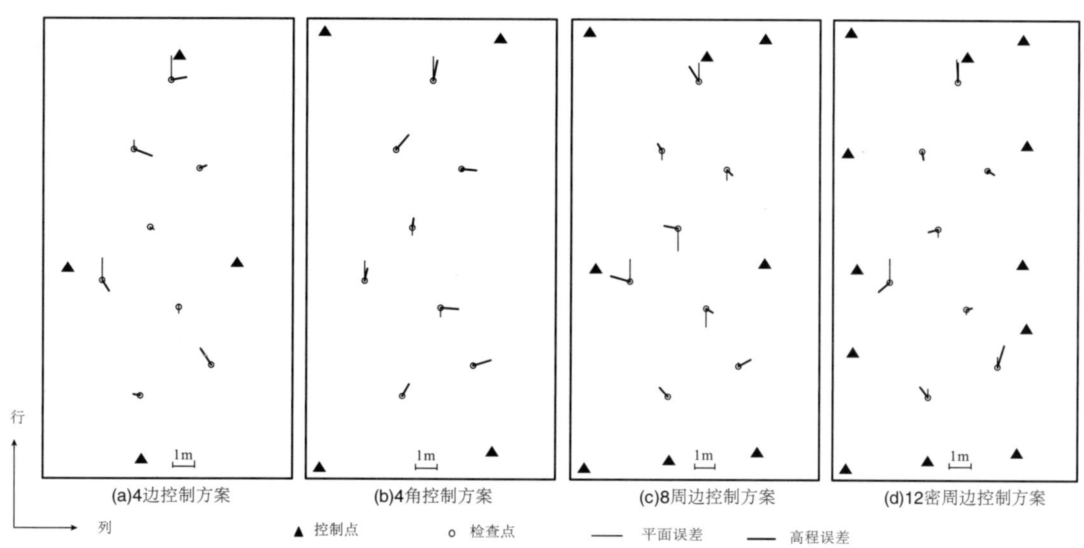

图4-9 不同方案下平差模型误差的残差图

表4-6 TerraSAR-X像对平差结果

控制点布设方案	σ_{plane}/像素	控制点中误差/m		检查点中误差/m	
		平面	高程	平面	高程
4边控制	0.425	0.288	0.306	1.888	1.463
4角控制	0.482	0.416	0.901	1.027	1.123
8周边控制	0.430	0.563	0.558	0.799	0.951
12密周边控制	0.457	0.493	0.396	0.779	1.084

从图4-9和表4-6中，可以得出以下结论。

（1）越接近控制区中心的点，其中误差越小。

（2）对于同样是4个点控制的两种方案，由于4角控制方案中所得的控制区域大于4边控制方案，使得最终4角控制方案能获得更高的平差精度。

（3）总的来说，平面和高程误差都很小，4角控制方案情况下检查点的精度接近1m，随着控制点个数的增加，检查点的精度也增加了。然而，由于选取多个高精度的控制点非常困难，控制点的无限量增加并不一定能带来精度的提高。

基于以上分析，可以发现4角控制方案的布点方案不仅在4个点控制的情况下具有最好的图形结构，且可以接近多点控制的精度效果。在之后的实验中，将只采用4个角点控制的方案。

4.2.3 多源数据联合平差实验

RPC平差模型早在21世纪初就被广泛地应用于光学立体影像的平差。这里对多源数据包括不同SAR传感器和光学与SAR传感器得到的立体像对进行平差，实验结果见表4-7。其中，在SAR-SAR影像对中，影像③和④为同侧观测模式，影像①和③为异侧观测模式；SAR-SPOT影像对为异侧观测模式。平差过程采用人工选点方式及4个角点控制方案，8个均匀分布的检查点用来评价平差精度。

表4-7 多源影像对平差结果

组合方式		交会角及交会方式	σ_{plane}/像素	控制点中误差/m		检查点中误差/m	
				平面	高程	平面	高程
SAR-SAR影像对	③与④	21.38°，同侧	0.286	0.299	0.071	1.338	0.625
	①与③	80.26°，异侧	0.415	0.430	0.220	1.067	0.739
SAR-SPOT影像对	①与⑤	60.35°，异侧	0.559	0.208	0.223	1.551	0.902

从表4-7可见，考虑到辐射差异的影响，同侧立体像对可获得优于0.286像素的模型精度，比异侧成像的精度更高。而对同样是异侧观测的影像对①与③、①与⑤，拥有更大交会角的影像对①与③能获得更高的平差精度。

总的来说，所有像对的检查点平面精度在1.5像素左右，高程精度都达到亚像素级，表明RPC平差模型能够适用于不同系统下的立体影像对，且能获得较高的定向精度。

第 5 章　星载立体SAR的核线模型

利用SAR立体像对自动提取DEM时，由于SAR影像受地形起伏影响，在几何上和辐射上都有强烈的畸变，故获取大量可靠的同名点是很困难的（Ostrowski et al, 2000）。对于匹配，一个重要约束就是核线约束。核线影像对之间不存在上下视差，故其匹配只用沿着一维方向进行，提高了匹配速度和匹配的可靠性。但是，针对星载SAR影像成像几何完全不同于框幅式相机，故传统框幅式相机的核线几何也不再适用于星载SAR立体像对。

§5.1　基于RPC模型的核线生成

Kim（2000）提出的投影轨迹法将高程差异引起的点位轨迹定义为核线。如图5 1所示，左影像上一点q依其模型投影到不同高程面上，得到对应的地面点Q_1、Q_2、Q_3；将这些地面点按右影像成像模型投影到右影像上，从而获取了左影像上点q所对应的右核线l'。Kim（2000）在共线方程的模型下，得出存在局部核线的结论，但该方法不能获取核线对。

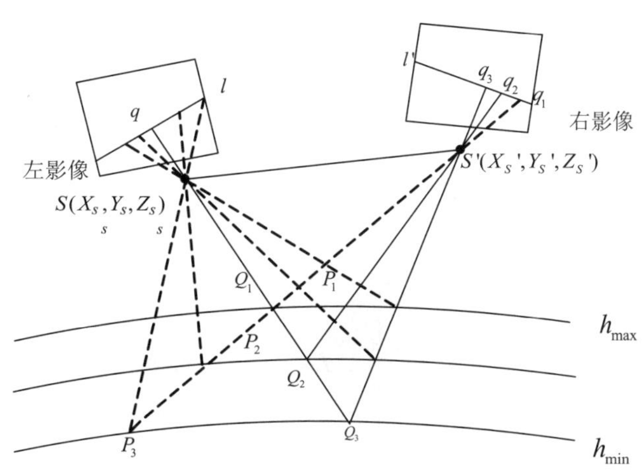

图5-1　立体像对上的核线

由于RPC模型在高程上是有范围的，那么对于每个点都只能获取一段核线。假设线阵列传感器上存在同名核线对l和l'，那么图5-1中q_1和q_3所对应的核线段应当同时位于左核线l上。这样，通过这种点增长的方式可以从左影像上一点q出发，获取整个核线对l和l'（实际上获取的是位于核线对上的一系列离散点）。

5.1.1 星载传感器构建立体像对

星载传感器获取立体像对有两种方式：①同轨立体，采用前后视进行立体观测，IKONOS和SPOT-5的HRS传感器等采用的是这种方式；②异轨立体，采用侧视进行立体观测，主要的传感器有SPOT 1～4等。而通过投影轨迹法的定义可知，核线的方向与摄影基线的方向是大致相同的。那么，同轨立体的核线方向与卫星前进方向大致相同，而异轨立体的核线方向与扫描方向大致相同。对于SAR数据来说，一般采用侧视雷达，那么不管是同轨立体还是异轨立体，其核线方向与距离向大致相同。

在框幅式核线生成时，需要进行相对定向，以使同名光线指向地面上同一点。而对RPC模型来说，一般采用像方的仿射变换模型作为其定向模型。因此，在生成核线影像前，需要利用若干对同名点进行相对定向，计算出仿射变形参数。而定向的精度会直接影响核线模型的精度。

5.1.2 核线方程

大量研究表明，选用不同的成像模型，核线方程并不相同。而速度和姿态为常数的模型经实验证明具有较高的精度（Habib et al，2005; Lee et al 2001），本书将选用此模型作为核线方程，即

$$E_1 y+E_2 xy+E_3 x+E_4=0 \tag{5-1}$$

式中，（x, y）为核线影像点在原始影像上的坐标；E_1、E_2、E_3、E_4为核线方程系数，可以通过最小二乘法求解出来。也就是说，将x、y作为观测值，建立最小二乘平差模型，解算未知数E_1、E_2、E_3、E_4。但是式（5-1）中的系数是相关的，且为避免某项系数无限大，故需要通过点位的大致分布，选择将E_1或者E_3设定为1，然后建立间接平差方程。当E_1设定为1时，有

$$\boldsymbol{V}=\boldsymbol{AX}-\boldsymbol{L} \tag{5-2}$$

式中，设权矩阵$\boldsymbol{P}$为单位矩阵，且有

$$\boldsymbol{A}=\begin{bmatrix} x_1y_1 & x_1 & 1 \\ x_2y_2 & x_2 & 1 \\ \vdots & \vdots & \vdots \\ x_ny_n & x_n & 1 \end{bmatrix},\ \boldsymbol{L}=\begin{bmatrix} -y_1 \\ -y_2 \\ \vdots \\ -y_n \end{bmatrix},\ \boldsymbol{X}=\begin{bmatrix} E_2 \\ E_3 \\ E_4 \end{bmatrix}$$

然后，利用$\boldsymbol{X}=(\boldsymbol{A}^{\mathrm{T}}-\boldsymbol{PA})^{-1}\boldsymbol{A}^{\mathrm{T}}\boldsymbol{PL}$即可求解出核线方程系数。最后，用所有的点到核线的距离中误差作为评定核线拟合精度的标准。

5.1.3 核线重采样

为保证规则化采样，使采样后核线影像与原始影像的分辨率相同，故需要以某列（异轨）或者行（同轨）的点作为种子点，计算整幅影像的核线方程，一般选择影像中

心列或者行。

重采样时，需要逐行利用核线方程计算核线影像点所对应的原始影像点的坐标，然后通过灰度内插计算出其所对应的灰度值，最后进行灰度赋值即可（张祖勋 等2001）。

5.1.4　核线正变换

由前文可知，核线影像与原始影像上的点存在一一对应，而同轨立体与异轨立体的核线在影像上的分布是不一样的。下面以异轨立体为例，说明核线影像上点与原始影像上点的对应情况。

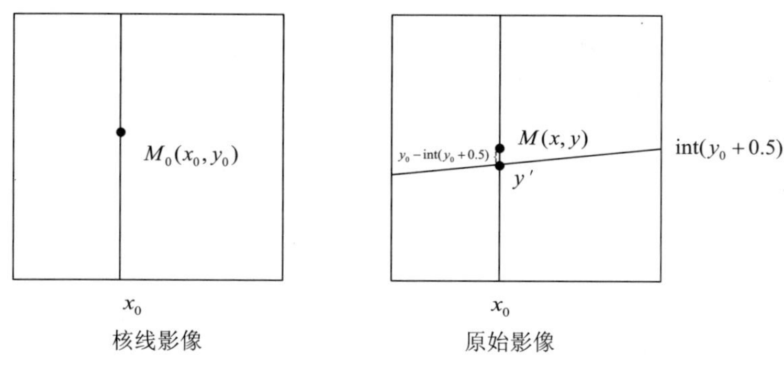

图5-2　异轨立体核线对应关系

异轨立体在重采样时，为保证扫描线方向分辨率不变，应使得点在原始影像上的x_0与在核线影像上一致。故核线影像上的一点M_0（x_0，y_0）的坐标y_0，表示其所对应的核线方程序号，一般取核线的编号i=int（y_0+0.5）。那么通过x_0以及所对应的核线方程即式（5-2），即可求解出y'。则M_0所对应的$M(x,y)$坐标可以通过计算得到，即

$$\left.\begin{aligned} x &= x_0 \\ y &= y' + y_0 - \mathrm{int}\,(\,y_0 + 0.5\,) \end{aligned}\right\} \tag{5-3}$$

同轨立体与异轨立体类似，不过为保证同轨立体上没有上下视差，则核线影像上的x_0与原始影像上的y相等，x由y_0获取的方程以及y求解出，即其对应的原始点$M(x,y)$为

$$\left.\begin{aligned} x &= x' + y_0 - \mathrm{int}(y_0 + 0.5) \\ y &= x_0 \end{aligned}\right\} \tag{5-4}$$

当建立核线影像与原始影像的对应关系之后，原始影像与地面点之间的对应关系可以由原始影像所带的成像模型建立，那么即可进行核线影像的正变换（如图5-3所示）。

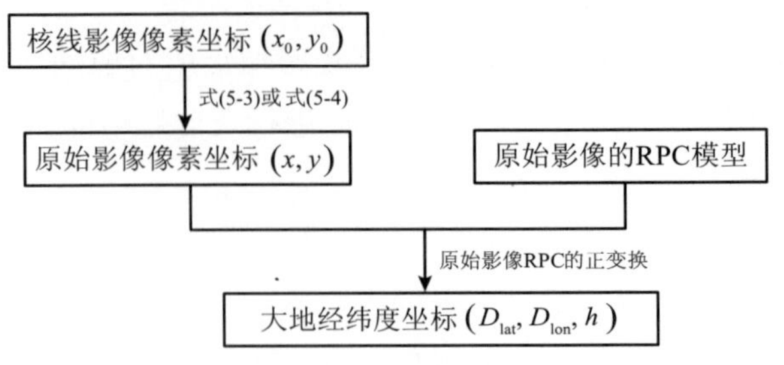

图5-3　核线影像的正变换

§5.2　星载立体SAR的核线模型重建

由于核线方程是拟合得到的，故可以选择不同的曲线方程（叶新魁 等，2009），那么对不同的核线方程，其正变换中的式（5-3）和式（5-4）会不同，应用时就需要对不同的曲线模型建立不同的正变换模型，但这样将会限制核线影像的应用。本书提出一种重建核线影像几何模型的方法，使得完成核线匹配后可通过核线几何模型直接进行三维重建。

RPC模型的求解主要有两种：地形相关和地形无关。地形无关的方式是在像方空间建立控制格网，然后利用谱分析方法求解RPC模型参数，并选择控制格网的中心作为检查格网，以检查所求解出的RPC模型精度。RPC模型有9种形式，其中分母不同的三阶有理多项式模型精度最高（张过，2005），下面将选择这种形式的RPC模型建立核线影像几何模型。

在实际评价生成核线的精度时，一般通过手动选取一些同名点作为检查点。但是由于人工选点存在较大的主观性，不便于作为一个客观标准来评价所生成核线的精度。由于生成的核线是带模型的，故在评价核线模型精度时，可以通过核线影像的定义——核线影像上不存在上下视差——来评价核线精度，其步骤如下。

（1）在左核线影像上以一定间隔生成均匀格网。

（2）将左核线影像上点P_l（x_l，y_l），以左核线模型的正变换投影到不同的高程面上h_i（i为高程层数），得到其所对应的地面点P_i（$D_{\mathrm{lat},i}$，$D_{\mathrm{lon},i}$，h_i）。

（3）利用右核线模型反解法将这些地面点P_i（$D_{\mathrm{lat},i}$，$D_{\mathrm{lon},i}$，h_i）投影到右影像上，得到P_{ri}（x_{ri}，y_{ri}）。

（4）计算$\Delta y_i = y_{ri} - y_l$及$\Delta y_i$的中误差。

（5）逐点计算，直到完成所有格网点的计算。

利用这种方式，可准确评价生成核线模型的精度。

§5.3　实验及结果分析

该实验采用第4章的实验数据，即广州地区的两个立体像对。由于进行核线生产时不需要进行绝对定向，故本文仅采用几个角反射器的坐标进行定向处理。

在选用拟合方程时，先以左影像中心为种子点，计算出所对应的核线对，然后分别利用直线和曲线来拟合核线方程，并利用各点到核线的距离中误差来表示拟合精度。表5-1中描述的是左右核线方程中拟合误差较大的值。

表5-1　点到核线距离的中误差

拟合形式	COSMO-SkyMed 中误差 / 像素	TerraSAR-X中误差 / 像素
直线	0.550	0.462
双曲线	2.91×10^{-3}	2.34×10^{-3}

从表5-1中可以看出，用直线拟合核线，拟合精度并不高，点到直线的误差都在0.5像素左右，而利用双曲线却拟合地非常好，精度在10^{-3}个像素级别。由此说明，SAR核线表现为双曲线。

在求解核线模型的RPC参数时，本文采用的是分母不同的三阶形式，控制点格网间隔为200个像素，高程分层为15层，其求解精度见表5-2。

表5-2　核线模型控制点和检查点精度

传感器			COSMO-SkyMed		TerraSAR-X	
核线影像			左	右	左	右
控制点残差中误差\像素	*X*	最大	5.48×10^{-4}	6.06×10^{-3}	1.26×10^{-3}	5.15×10^{-3}
		中误差	3.60×10^{-5}	2.15×10^{-4}	4.90×10^{-5}	1.53×10^{-4}
	Y	最大	-1.24×10^{-2}	-8.48×10^{-3}	1.08×10^{-2}	1.00×10^{-2}
		中误差	2.17×10^{-3}	1.22×10^{-4}	5.03×10^{-4}	7.00×10^{-5}
	平面	最大	1.24×10^{-2}	8.49×10^{-3}	1.08×10^{-2}	1.01×10^{-2}
		中误差	2.17×10^{-3}	2.48×10^{-4}	5.05×10^{-4}	1.68×10^{-4}
检查点残差\像素	*X*	最大	6.20×10^{-4}	7.01×10^{-3}	7.86×10^{-4}	4.30×10^{-3}
		中误差	3.90×10^{-5}	2.81×10^{-4}	4.20×10^{-5}	1.29×10^{-4}
	Y	最大	-1.26×10^{-2}	9.33×10^{-3}	1.07×10^{-2}	9.99×10^{-3}
		中误差	2.17×10^{-3}	1.28×10^{-4}	5.13×10^{-4}	8.60×10^{-5}
	平面	最大	1.26×10^{-2}	1.02×10^{-2}	1.07×10^{-2}	9.99×10^{-3}
		中误差	2.17×10^{-3}	3.09×10^{-4}	5.15×10^{-4}	1.56×10^{-4}

通过表5-2可以看出，在采用分母不相等且在三阶多项式的情况下，核线影像RPC模型参数求解的控制点最大误差是1.24×10^{-2}像素，中误差是2.17×10^{-3}像素，检查点平面最大误差是1.26×10^{-2}像素，中误差是2.17×10^{-3}像素，具有很高的精度，可以认为模型重建精度不损失。

在评价核线模型精度时，格网布设方案为200×200×15，即在影像空间的x方向和y方向等间隔（200像素）选取一个控制点，在高程方向分为15层。其精度见表5-3。

表5-3 核线模型精度

残差	COSMO-SkyMed	TerraSAR-X
最大值 / 像素	1.46×10^{-2}	1.05×10^{-2}
中误差 / 像素	5.44×10^{-3}	4.11×10^{-3}

由表5-3可以看出，利用双曲线拟合核线时，COSMO-SkyMed核线模型精度最大误差为1.46×10^{-2}像素，中误差为5.44×10^{-3}像素，而TerraSAR-X的最大误差为1.05×10^{-2}像素，中误差为4.11×10^{-3}像素，说明本书中生成核线方法是可行的。若从影像纠正的角度来看核线重采样，那么本书所提出的核线采样方法就是对影像进行几何纠正，使得高程变化引起的位移纠正到x方向上，使得y方向上不存在上下视差。

生成核线影像最为主要的目的是为了进行三维重建，那么有必要对核线影像的三维重建精度进行验证。为避免选点误差，利用核线几何，将原始影像上的点转换到核线影像上去；然后利用核线影像的RPC模型进行前方交会，获取点的地面坐标；最后通过原始模型的地面坐标和核线模型获取的地面坐标之间的差值单位为米来衡量核线三维定位精度，即在相减之前将这些点投影到了相应的投影系下。其精度见表5-4。

表5-4 核线模型三维定位精度

传感器	平面坐标/m		高程误差/m	
	最大值	中误差	最大值	中误差
COSMO-SkyMed	0.045	0.024	0.016	0.007
TerraSAR-X	0.098	0.063	-0.094	0.037

从表5-4可以看出，核线定位精度很高，平面和高程上的最大误差都在0.1m之内，平面中误差也在0.07m之内，高程误差在0.04m之内。可以认为核线影像三维重建精度不损失，故可直接将核线产品应用于三维重建中。

本章基于RPC模型对星载SAR影像进行了核线采样，给出了利用投影轨迹法的近似核线理论得到左右同名核线对的方法。实验结果可总结如下。

（1）利用双曲线拟合核线，拟合精度可以达到10^{-3}像素级，即SAR核线在影像上表现为双曲线。

（2）核线模型RPC求解，最大误差小于0.02像素，中误差在10^{-3}像素级别，精度较高，说明前文提出的核线模型是正确的、可行的。

（3）核线模型的误差在0.01像素之内，完全可以满足匹配的要求。

（4）利用核线影像进行三维重建平面中误差在0.07m之内，高程误差在0.04m之内，说明利用本章方法进行三维重建不损失精度。

综上所述，本章所提出的星载SAR核线影像重采样及模型重建的方法是可行的，可直接利用获取的星载SAR影像及其RPC模型进行三维重建。

第 6 章　星载InSAR严密成像几何模型和RPC模型

§6.1　星载InSAR测量原理[1]

InSAR测量的基本原理是利用具有干涉能力的两部SAR系统（或一部SAR系统重复观测）来获取同一地区的两幅具有相干性的单视复影像即SLC产品，并由其干涉相位信息获取目标的高程信息，实现对目标的三维量测。

由于InSAR测量模式中需要两景影像，星载InSAR中一般都是重复轨迹测量模式，为了便于区分，将第一景拍摄的数据作为主影像（master），第二景拍摄的数据作为辅影像（slave）。以下模型中，下标带有M的表示主影像，下标带有S的表示辅影像。

对于一部SAR系统而言，其获取回波信号的相位与微波传播路径长度和地物的后向散射特性相关。假设影像上的最小分辨单元为一个独立散射体，回波信号的相位φ可以表示为

$$\varphi=\varphi_r+\varphi_{\text{scat}} \tag{6-1}$$

式中，φ_{scat}表示由分辨单元内散射体的分布和散射体散射特性所决定的散射相位；φ_r表示由微波传播路径决定的距离相位。对于单天线模式的SAR系统，信号从发射到接收在天线和目标之间经历了一个往返的距离。因而，距离相位与传播路径的关系为

$$\varphi_r=-\frac{2\pi}{\lambda}2r \tag{6-2}$$

式中，r表示天线到目标之间的距离；相位与距离之间的负号，表示信号经过$2r$的路径回到天线时，相位发生延迟。根据两幅SAR影像的相位差，形成干涉相位φ，符号意义参看图6-1（Rosen etal, 2000），其公式为

$$\begin{aligned}\varphi&=\varphi_{\text{M}}-\varphi_{\text{S}}\\&=-\frac{4\pi}{\lambda}(r_{\text{M}}-r_{\text{S}})+(\varphi_{\text{scat,M}}-\varphi_{\text{scat,S}})\\&=-\frac{4\pi}{\lambda}\Delta r+\Delta\varphi_{\text{scat}}\end{aligned} \tag{6-3}$$

---

[1] 该部分内容参考自文献（廖明生 等，2003）。

式中，第一项与微波传播路径长度差$\Delta r = r_M - r_S$有关的相位差，称为几何相位差，承载着目标高度信息；第二项与分辨单元内地物的后向散射特性及其分布有关的相位差，称为散射相位差。

当两幅 SAR影像的散射相位φ_{scat}完全相同，即$\Delta\varphi_{scat}=0$时，干涉相位为

$$\varphi = -\frac{4\pi}{\lambda}\Delta r = \frac{4\pi}{\lambda}(r_S - r_M) \tag{6-4}$$

§6.2　星载InSAR严密成像几何模型[1]

实现高程测量的几何关系有两种表示方法：空间矢量模型和二维简化几何模型。空间矢量模型是干涉测量原理的一种三维描述，该模型是基于距离—多普勒（R—D）方程与相位方程的。二维简化几何模型是在空间矢量模型的基础上做了一些简化。为更好地理解干涉测量中的目标和卫星之间的几何关系，这里重点介绍二维简化几何模型。

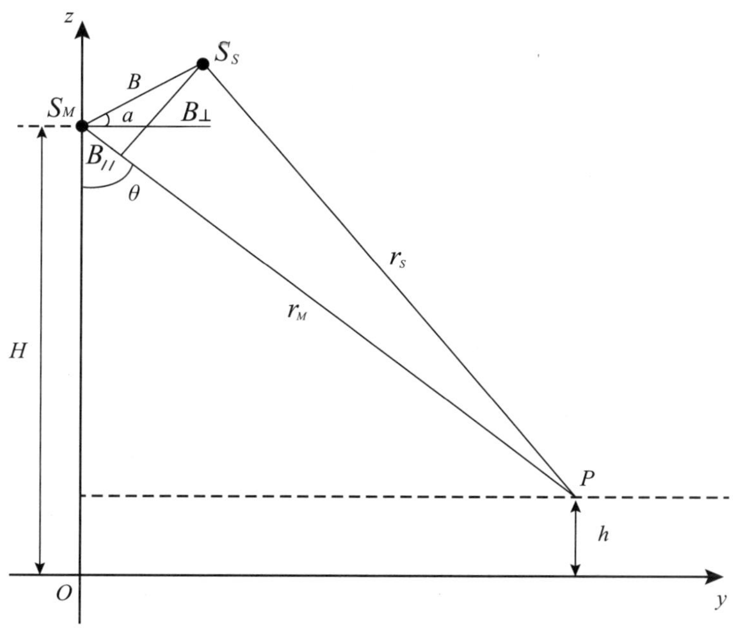

图6-1　简化的InSAR几何模型

InSAR的简化几何模型如图6-1（Rosen *et al*，2000）所示。图中以卫星S_M的星下点为坐标原点O，x轴表示卫星飞行方向垂直指向纸面，y轴表示距离方向，z轴表示由星下点指向卫星的径向。卫星承载的是右侧视雷达，下视角为θ。卫星S_M的高度为H，基线B为卫星S_M和S_S之间的距离，目标P的高度为h，r_M、r_S分别表示目标P到卫星S_M、S_S的斜

[1] 该部分内容参考自文献（Rosen et al，2000）。

距。由此可以建立如下几何关系为。

（1）基于SAR成像原理的距离方程（range equation），即

$$r_{\mathrm{M}} = |\boldsymbol{P} - \boldsymbol{S}_{\mathrm{M}}| \tag{6-5}$$

（2）多普勒方程（doppler equation），即

$$f_{\mathrm{D}} = \frac{\lambda \boldsymbol{v}_{\mathrm{M}} \cdot (\boldsymbol{P} - \boldsymbol{S}_{\mathrm{M}})}{2|\bar{\boldsymbol{P}} - \bar{\boldsymbol{S}}_{\mathrm{M}}|} \tag{6-6}$$

（3）干涉相位方程（phase equation），即

$$\varphi = \frac{4\pi}{\lambda}(|\boldsymbol{P} - \boldsymbol{S}_{\mathrm{S}}| - |\boldsymbol{P} - \boldsymbol{S}_{\mathrm{M}}|) \tag{6-7}$$

式中，v_{m}为卫星1的速度矢量。如果已知卫星1的状态矢量$\boldsymbol{S}_{\mathrm{M}}$、卫星2的状态矢量$\boldsymbol{S}_{\mathrm{S}}$、基线$B$和干涉相位$\varphi$，就可以计算目标点的状态矢量$\boldsymbol{P}$。

上面的3个方程都是基于空间三维模型的，在所有的InSAR系统中均是严格成立的。而对于星载InSAR系统，可以得到一个近似关系式，即

$$\Delta r = r_{\mathrm{M}} - r_{\mathrm{S}} = B\sin(\theta - \alpha)$$

这个关系式可以很容易的推导出来。在$\triangle S_{\mathrm{M}}S_{\mathrm{S}}P$中，由余弦定理可以得到

$$r_{\mathrm{S}}^{2} = r_{\mathrm{M}}^{2} + B^{2} - 2r_{\mathrm{M}}B\cos(\frac{\pi}{2} - \theta + \alpha)$$

整理后可以得出

$$\Delta r = r_{\mathrm{M}} - r_{\mathrm{S}} = B\sin(\theta - \alpha) + \frac{\Delta r^{2}}{2r_{\mathrm{M}}} - \frac{B^{2}}{2r_{\mathrm{M}}}$$

对于星载InSAR系统，$\Delta r \ll B \ll r_{\mathrm{M}}$，近似后可以得到

$$\Delta r = B\sin(\theta - \alpha)$$

由此可以得到干涉图上任意一像元的干涉相位为

$$\phi = \varphi_{\mathrm{M}} - \varphi_{\mathrm{S}} = -\frac{4\pi}{\lambda}B\sin(\theta - \alpha)$$

根据三角关系，P点的高程可以表示为

$$h = H - r_{\mathrm{M}}\cos\theta$$

同理，如果已知卫星的轨道参数和系统参数，就可以解求地面点的高程值了。

§6.3　星载InSAR的RPC模型

RPC模型的作用是通过卫星的严密成像几何模型来拟合地面点（P，L，H）和影像点（s、l）之间的数学关系，结合InSAR过程中的严密成像几何模型，建立如下RPC模型，即

$$\varphi = f_1(s_M, l_M, D_{hei}) \tag{6-8}$$

$$\left.\begin{aligned} s_M &= f_{2M}(D_{lat}, D_{lon}, D_{hei}) \\ l_M &= f_{3M}(D_{lat}, D_{lon}, D_{hei}) \end{aligned}\right\} \tag{6-9}$$

$$\left.\begin{aligned} s_S &= f_{2S}(D_{lat}, D_{lon}, D_{hei}) \\ l_S &= f_{3S}(D_{lat}, D_{lon}, D_{hei}) \end{aligned}\right\} \tag{6-10}$$

$$\left.\begin{aligned} D_{lat} &= f'_{2M}(s_M, l_M, D_{hei}) \\ D_{lon} &= f'_{3M}(s_M, l_M, D_{hei}) \end{aligned}\right\} \tag{6-11}$$

式中，D_{lat}、D_{lon}、D_{hei}表示地面点的纬度、经度和高程；S_M、l_M表示主影像的列方向和行方向；s_S、l_S表示辅影像的列方向和行方向；φ表示干涉相位。

式（6-8）描述的是RPC模型的抽象形式，下面给出具体形式。

（1）相位方程f_1的具体形式是

$$\Phi = \frac{N_{f_1}(X,Y,H)}{D_{f_1}(X,Y,H)}$$

其中，

$$\begin{aligned} N_{f_1}(X,Y,H) = {} & a_1 + a_2Y + a_3X + a_4H + a_5YX + a_6YH + a_7XH + a_8Y^2 + a_9X^2 + \\ & a_{10}H^2 + a_{11}XYH + a_{12}Y^3 + a_{13}YX^2 + a_{14}YH^2 + a_{15}Y^2X + a_{16}X^3 + a_{17}XH^2 + \\ & a_{18}Y^2H + a_{19}X^2H + a_{20}H^3 \\ D_{f_1}(X,Y,H) = {} & b_1 + b_2Y + b_3X + b_4H + b_5YX + b_6YH + b_7XH + b_8Y^2 + b_9X^2 + \\ & b_{10}H^2 + b_{11}XYH + b_{12}Y^3 + b_{13}YX^2 + b_{14}YH^2 + b_{15}Y^2X + b_{16}X^3 + b_{17}XH^2 + \\ & b_{18}Y^2H + b_{19}X^2H + b_{20}H^3 \end{aligned}$$

式中，（X，Y）为正则化的影像坐标；H为正则化的地面高程坐标，Φ为正则化的相位坐标。其正则化公式为

$$\Phi = \frac{\varphi - \varphi_{\text{off}}}{\varphi_{\text{scale}}}$$

$$X = \frac{s - s_{\text{off}}}{s_{\text{scale}}}$$

$$Y = \frac{l - l_{\text{off}}}{l_{\text{scale}}}$$

$$H = \frac{D_{\text{hei}} - D_{\text{hei-off}}}{D_{\text{hei-scale}}}$$

式中，a_i、b_i是相位方程的模型系数，（i=1，…，2），其中b_1通常为1；s_{off}、s_{scale}、l_{off}、l_{scale}、D_{hei}、$D_{\text{hei-scale}}$分别是X、Y、H的正则化参数；φ_{off}和φ_{scale}是相位的正则化参数。

（2）主影像地面点到影像坐标的转化关系f2M、f2M为

$$Y = \frac{N_{f_{2M}}(P, L, H)}{D_{f_{2M}}(P, L, H)}$$

$$X = \frac{N_{f_{3M}}(P, L, H)}{D_{f_{3M}}(P, L, H)}$$

其中，

$$\begin{aligned} N_{f_{2M}}(P, L, H) = {} & a_1 + a_2 L + a_3 P + a_4 H + a_5 LP + a_6 LH + a_7 PH + a_8 L^2 + a_9 P^2 + \\ & a_{10} H^2 + a_{11} PLH + a_{12} L^3 + a_{13} LP^2 + a_{14} LH^2 + a_{15} L^2 P + a_{16} P^3 + \\ & a_{17} PH^2 + a_{18} L^2 H + a_{19} P^2 H + a_{20} H^3 \end{aligned}$$

$$\begin{aligned} D_{f_{2M}}(P, L, H) = {} & b_1 + b_2 L + b_3 P + b_4 H + b_5 LP + b_6 LH + b_7 PH + b_8 L^2 + b_9 P^2 + \\ & b_{10} H^2 + b_{11} PLH + b_{12} L^3 + b_{13} LP^2 + b_{14} LH^2 + b_{15} L^2 P + b_{16} P^3 + \\ & b_{17} PH^2 + b_{18} L^2 H + b_{19} P^2 H + b_{20} H^3 \end{aligned}$$

$$\begin{aligned} N_{f_{3M}}(P, L, H) = {} & c_1 + c_2 L + c_3 P + c_4 H + c_5 LP + c_6 LH + c_7 PH + c_8 L^2 + c_9 P^2 + \\ & c_{10} H^2 + c_{11} PLH + c_{12} L^3 + c_{13} LP^2 + c_{14} LH^2 + c_{15} L^2 P + c_{16} P^3 + \\ & c_{17} PH^2 + c_{18} L^2 H + c_{19} P^2 H + c_{20} H^3 \end{aligned}$$

$$\begin{aligned} D_{f_{3M}}(P, L, H) = {} & d_1 + d_2 L + d_3 P + d_4 H + d_5 LP + d_6 LH + d_7 PH + d_8 L^2 + d_9 P^2 + \\ & d_{10} H^2 + d_{11} PLH + d_{12} L^3 + d_{13} LP^2 + d_{14} LH^2 + d_{15} L^2 P + d_{16} P^3 + \\ & d_{17} PH^2 + d_{18} L^2 H + d_{19} P^2 H + d_{20} H^3 \end{aligned}$$

式中，（P，L，H）为正则化的地面坐标，（X，Y）为正则化的影像坐标。其正则化公式为

$$P=\frac{D_{\text{lat}}-D_{\text{lat-off}}}{D_{\text{lat-scale}}}$$

$$L=\frac{D_{\text{lon}}-D_{\text{lon-off}}}{D_{\text{lon-scale}}}$$

$$H=\frac{D_{\text{hei}}-D_{\text{hei-off}}}{D_{\text{hei-scale}}}$$

$$X=\frac{s-s_{\text{off}}}{s_{\text{scale}}}$$

$$Y=\frac{l-l_{\text{off}}}{l_{\text{scale}}}$$

式中，a_i、b_i、c_i、d_i为主影像地面点到影像坐标的模型系数（i=1，…，20），其中b_1和d_1通常为1；$D_{\text{lat-off}}$、$D_{\text{lat-scale}}$、$D_{\text{lon-off}}$、$D_{\text{lon-scale}}$、$D_{\text{hei-off}}$和$D_{\text{hei-scale}}$为地面点坐标的正则化参数；S_{off}、S_{scale}、l_{off}和l_{scale}为影像像素坐标的正则化参数。

（3）辅影像地面点到影像坐标的转化关系f_{2S}、f_{3S}为

$$P=\frac{N_{f_{2S}}(X,Y,H)}{D_{f_{2S}}(X,Y,H)}$$

$$L=\frac{N_{f_{3S}}(X,Y,H)}{D_{f_{3S}}(X,Y,H)}$$

其中，

$$\begin{aligned}N_{f_{2S}}(P,L,H)=&a_1+a_2L+a_3P+a_4H+a_5LP+a_6LH+a_7PH+a_8L^2+a_9P^2+\\&a_{10}H^2+a_{11}PLH+a_{12}L^3+a_{13}LP^2+a_{14}LH^2+a_{15}L^2P+a_{16}P^3+\\&a_{17}PH^2+a_{18}L^2H+a_{19}P^2H+a_{20}H^3\end{aligned}$$

$$\begin{aligned}D_{f_{2S}}(P,L,H)=&b_1+b_2L+b_3P+b_4H+b_5LP+b_6LH+b_7PH+b_8L^2+b_9P^2+\\&b_{10}H^2+b_{11}PLH+b_{12}L^3+b_{13}LP^2+b_{14}LH^2+b_{15}L^2P+b_{16}P^3+\\&b_{17}PH^2+b_{18}L^2H+b_{19}P^2H+b_{20}H^3\end{aligned}$$

$$\begin{aligned}N_{f_{3S}}(P,L,H)=&c_1+c_2L+c_3P+c_4H+c_5LP+c_6LH+c_7PH+c_8L^2+c_9P^2+\\&c_{10}H^2+c_{11}PLH+c_{12}L^3+c_{13}LP^2+c_{14}LH^2+c_{15}L^2P+c_{16}P^3+\\&c_{17}PH^2+c_{18}L^2H+c_{19}P^2H+c_{20}H^3\end{aligned}$$

$$\begin{aligned}D_{f_{3S}}(P,L,H)=&d_1+d_2L+d_3P+d_4H+d_5LP+d_6LH+d_7PH+d_8L^2+d_9P^2+\\&d_{10}H^2+d_{11}PLH+d_{12}L^3+d_{13}LP^2+d_{14}LH^2+d_{15}L^2P+d_{16}P^3+\\&d_{17}PH^2+d_{18}L^2H+d_{19}P^2H+d_{20}H^3\end{aligned}$$

式中，（P,L,H）为正则化的地面坐标，（X,Y）为正则化的影像坐标。其正则化公式为

$$P=\frac{D_{\text{lat}}-D_{\text{lat-off}}}{D_{\text{lat-scale}}}$$

$$L=\frac{D_{\text{lon}}-D_{\text{lon-off}}}{D_{\text{lon-scale}}}$$

$$H=\frac{D_{\text{hei}}-D_{\text{hei-off}}}{D_{\text{hei-scale}}}$$

$$X=\frac{s-s_{\text{off}}}{s_{\text{scale}}}$$

$$Y=\frac{l-l_{\text{off}}}{l_{\text{scale}}}$$

式中，a_i、b_i、c_i、d_i为主影像地面点到影像坐标的模型系数（i=1，…，20），其中b_1和d_1通常为1；$D_{\text{lat-off}}$、$D_{\text{lat-scale}}$、$D_{\text{lon-off}}$、$D_{\text{lon-scale}}$、$D_{\text{hei-off}}$和$D_{\text{hei-scale}}$为地面点坐标的正则化参数；s_{off}、s_{scale}、l_{off}和l_{scale}为影像像素坐标的正则化参数。

（4）主影像像素坐标到地面点的转化关系$f'_{2\text{M}}$、$f'_{3\text{M}}$为

$$P=\frac{N_{f'_{2\text{M}}}(X,Y,H)}{D_{f'_{2\text{M}}}(X,Y,H)}$$

$$L=\frac{N_{f'_{3\text{M}}}(X,Y,H)}{D_{f'_{3\text{M}}}(X,Y,H)}$$

其中，

$$\begin{aligned}N_{f'_{2\text{M}}}(X,Y,H)=&a_1+a_2Y+a_3X+a_4H+a_5YX+a_6YH+a_7XH+a_8Y^2+a_9X^2+\\&a_{10}H^2+a_{11}XYH+a_{12}Y^3+a_{13}YX^2+a_{14}YH^2+a_{15}Y^2X+a_{16}X^3+a_{17}XH^2+\\&a_{18}Y^2H+a_{19}X^2H+a_{20}H^3\end{aligned}$$

$$\begin{aligned}D_{f'_{2\text{M}}}(X,Y,H)=&b_1+b_2Y+b_3X+b_4H+b_5YX+b_6YH+b_7XH+b_8Y^2+b_9X^2+\\&b_{10}H^2+b_{11}XYH+b_{12}Y^3+b_{13}YX^2+b_{14}YH^2+b_{15}Y^2X+b_{16}X^3+b_{17}XH^2+\\&b_{18}Y^2H+b_{19}X^2H+b_{20}H^3\end{aligned}$$

$$\begin{aligned}N_{f'_{3\text{M}}}(X,Y,H)=&c_1+c_2Y+c_3X+c_4H+c_5YX+c_6YH+c_7XH+c_8Y^2+c_9X^2+\\&c_{10}H^2+c_{11}XYH+c_{12}Y^3+c_{13}YX^2+c_{14}YH^2+c_{15}Y^2X+c_{16}X^3+c_{17}XH^2+\\&c_{18}Y^2H+c_{19}X^2H+c_{20}H^3\end{aligned}$$

$$D_{f'_{3M}}(X,Y,H)=d_1+d_2Y+d_3X+d_4H+d_5YX+d_6YH+d_7XH+d_8Y^2+d_9X^2+ d_{10}H^2+d_{11}XYH+d_{12}Y^3+d_{13}YX^2+d_{14}YH^2+d_{15}Y^2X+d_{16}X^3+d_{17}XH^2+ d_{18}Y^2H+d_{19}X^2H+d_{20}H^3$$

式中，（P,L,H）为正则化的地面坐标，（X,Y）为正则化的影像坐标。其正则化公式为

$$P=\frac{D_{\text{lat}}-D_{\text{lat-off}}}{D_{\text{lat-scale}}}$$

$$L=\frac{D_{\text{lon}}-D_{\text{lon-off}}}{D_{\text{lon-scale}}}$$

$$H=\frac{D_{\text{hei}}-D_{\text{hei-off}}}{D_{\text{hei-scale}}}$$

$$X=\frac{s-s_{\text{off}}}{s_{\text{scale}}}$$

$$Y=\frac{l-l_{\text{off}}}{l_{\text{scale}}}$$

式中，a_i、b_i、c_i、d_i、为主影像地面点到影像坐标的模型系数（i=1，…，20），其中b_1和d_1通常为1；$D_{\text{lat-off}}$、$D_{\text{lat-scale}}$、$D_{\text{lon-off}}$、$D_{\text{lon-scale}}$、$D_{\text{hei-off}}$和$D_{\text{hei-scale}}$为地面点坐标的正则化参数；s_{off}、s_{scale}、l_{off}和l_{scale}为影像像素坐标的正则化参数。

§6.4　星载InSAR的RPC模型参数求解

式6-9与式6-10中主辅影像由经纬度坐标到像素坐标的RPC模型的建立及求解过程如图6-2所示，具体过程如下。

（1）根据原始影像的大小建立平面控制格网，建立的平面控制格网必须包含整幅影像，即控制格网的左上角坐标要小于影像的左上角坐标，控制格网的右下角坐标要大于影像的右下角坐标。

（2）通过影像的辅助文件，获取影像的轨道参数，对平面控制格网上的每个控制点，首先假设其高程为0，即假设其位于参考椭球体上，然后使用R-D方程和椭球方程求其对应的地面经纬度坐标。所使用的R-D方程和椭球方程为

$$\left.\begin{aligned}&R^2=(X-X_S)^2+(Y-Y_S)^2+(Z-Z_S)^2\\&f_{\mathrm{D}}=-\frac{2}{\lambda R}(\boldsymbol{R}_S-\boldsymbol{R}_P)\cdot\boldsymbol{V}_S\\&\frac{X^2+Y^2}{A^2}+\frac{Z^2}{B^2}=1\end{aligned}\right\}\tag{6-12}$$

式中，R是地面点到卫星之间的距离；卫星的坐标矢量为$\boldsymbol{R}_S=[X_S\ \ Y_S\ \ Z_S]^{\mathrm{T}}$；卫星的速度矢量为$\boldsymbol{V}_S=[X_{SV}\ \ Y_{SV}\ \ Z_{SV}]^{\mathrm{T}}$；地面点$P$的坐标矢量为$\boldsymbol{R}_P=[X\ \ Y\ \ Z]^{\mathrm{T}}$；$f_{\mathrm{D}}$为该点对应的多普勒中心频率；$\lambda$为雷达波长，$A=a_{\mathrm{e}}+h$，$B=b_{\mathrm{e}}$，$h$为该点的椭球高，$a_{\mathrm{e}}$=6 378 137.0和$b_{\mathrm{e}}$=6 356 752.3分别为WGS 84地球椭球的长短半轴。

计算出地面点的经纬度坐标后，引入全球DEM，根据经纬度坐标内插出一个粗略的高程值。依据此方法，对平面控制格网上的所有点进行相同的处理，计算结束后统计出高程的最小值和最大值，并根据最大值和最小值，对高程进行分层处理。

（3）对每层影像上的每一个控制点，根据其像点坐标和卫星的轨道参数内插出该像点成像时刻对应的轨道位置矢量。内插原理如下。

雷达影像在成像处理的时候，方位行与成像时间的关系为

$$t_{a,l}=t_{a,1}+\frac{l-1}{f_{\mathrm{PRF}}}\tag{6-13}$$

式中，t_{a1}是方位向第一行的成像时间；l表示行号；$t_{a,l}$表示第l行的成像时间；f_{RPF}表示脉冲重复频率，是雷达的一个系统参数，为已知值。

通过式6-13计算出该像点的成像时间，使用多项式内插的方法内插出该时刻卫星的位置矢量。得到卫星的位置矢量后，根据式（6-12）计算出像点对应的地面点经纬度，由像点坐标和其对应地面点的经纬度高程来建立影像与地面点的关系。

（4）模型的参数求解。

（5）建立检查点格网，检查点选取的原则为在控制点约束最弱的地区选取，即平面X、Y方向上相邻4个控制点的中心区域及高程Z方向上相邻的两层之间。

（6）使用（3）中提到的方法，计算每一个检查点对应地面点的经纬度坐标。

（7）使用已建立的RPC模型对检查点的经纬度坐标进行拟合，求出其对应的检查点像点坐标，并和检查点原有的像素坐标进行比对，计算模型误差。

（8）所有检查点计算结束后，统计其最大值、最小值和均方误差，输出精度报告。

以上是主辅影像由经纬度坐标到像素坐标的RPC模型的建立及求解过程。在式（6-8）至式（6-11）中还可以看到，对于主影像还有一组由像素坐标计算地面点经纬度的方程，即式（6-11），它的建立及求解过程如图6-3所示。

由图7-3中可以看到，式（6-11）的建立流程与式（6-9）和式（6-10）的建立流程基本一致，所不同的只在于以下两点：

（1）求解过程中，式（6–11）以影像的像素坐标为已知数来计算地面点经纬度坐标；式（6–9）和式（6–10）则以地面的经纬度坐标为已知数来计算影像的像素坐标。

（2）精度检查时式（6–11）由像素坐标分别通过严密成像几何模型和RPC模型计算出地面点的经纬度坐标，再进行精度检查；式（6–9）和式（6–10）则由像素坐标通过严密成像几何模型计算出地面点的经纬度坐标，然后通过RPC模型解算出地面点对应的像素坐标，最后通过像素坐标来进行精度检查。

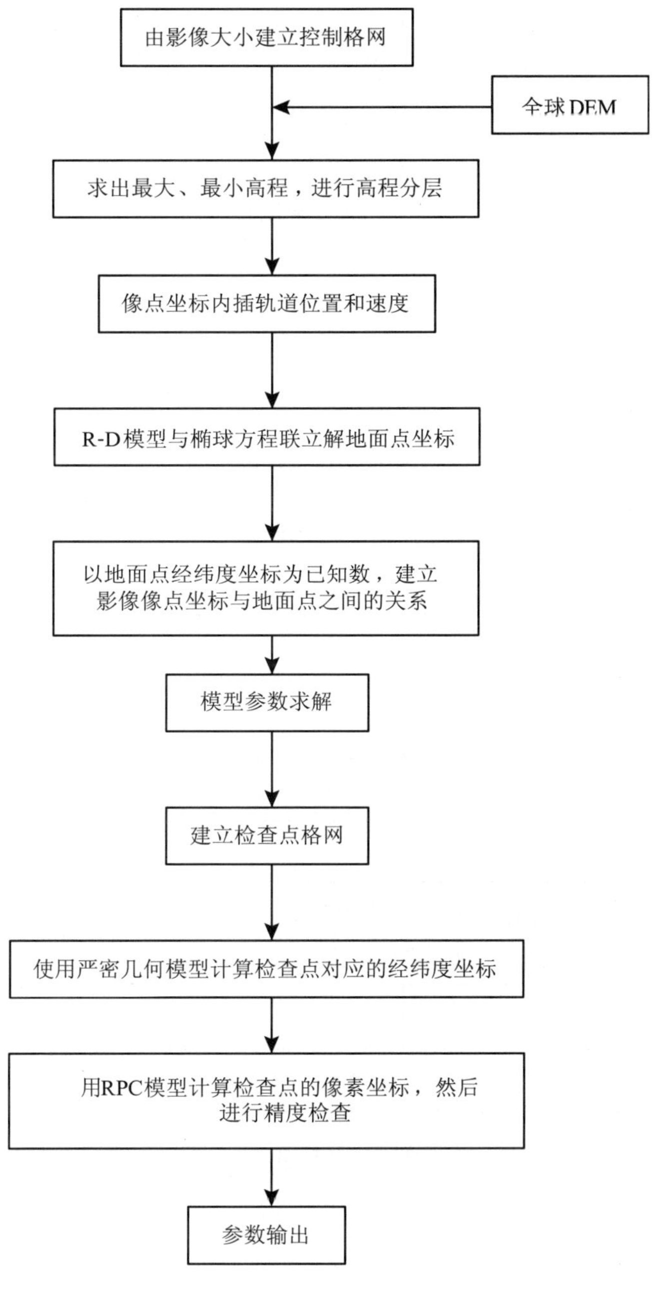

图6–2　主辅影像地面点到像素坐标的RPC模型建立

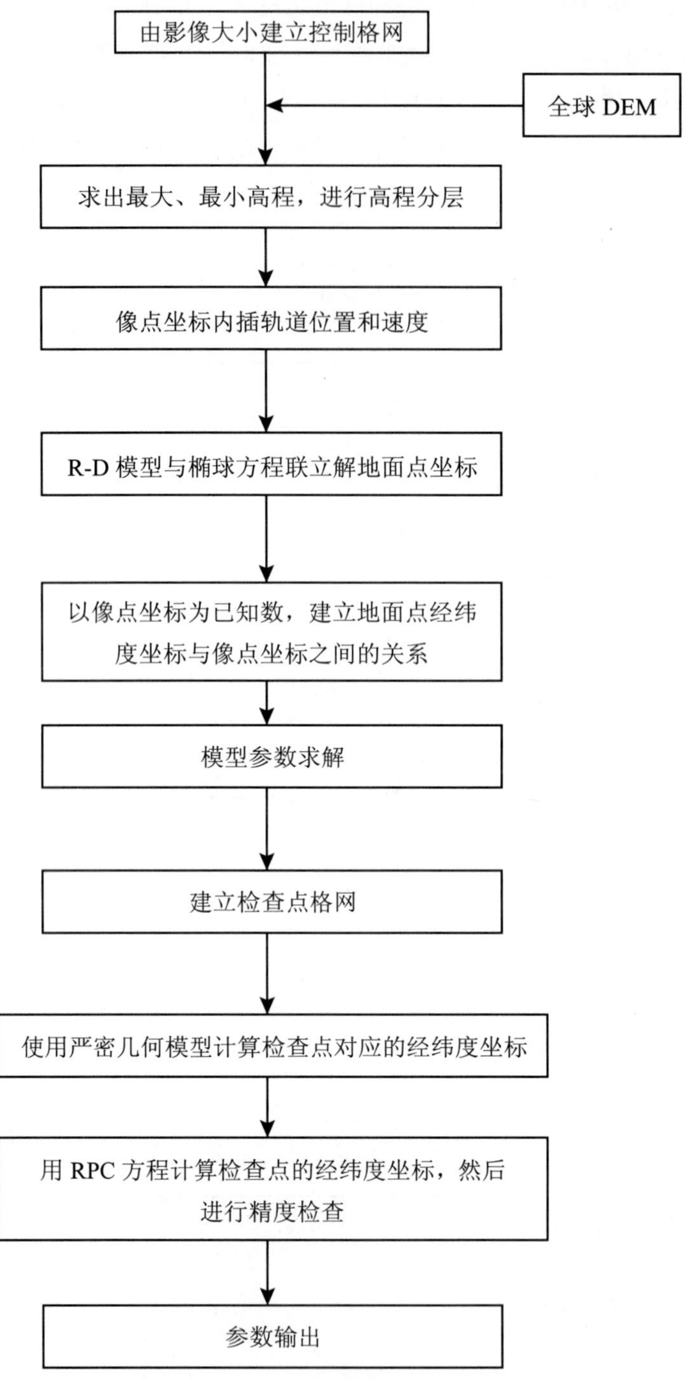

图6-3 主影像像素坐标到地面点RPC模型建立

相位方程RPC模型，即式（6-8）的建立及求解过程如图6-4所示。

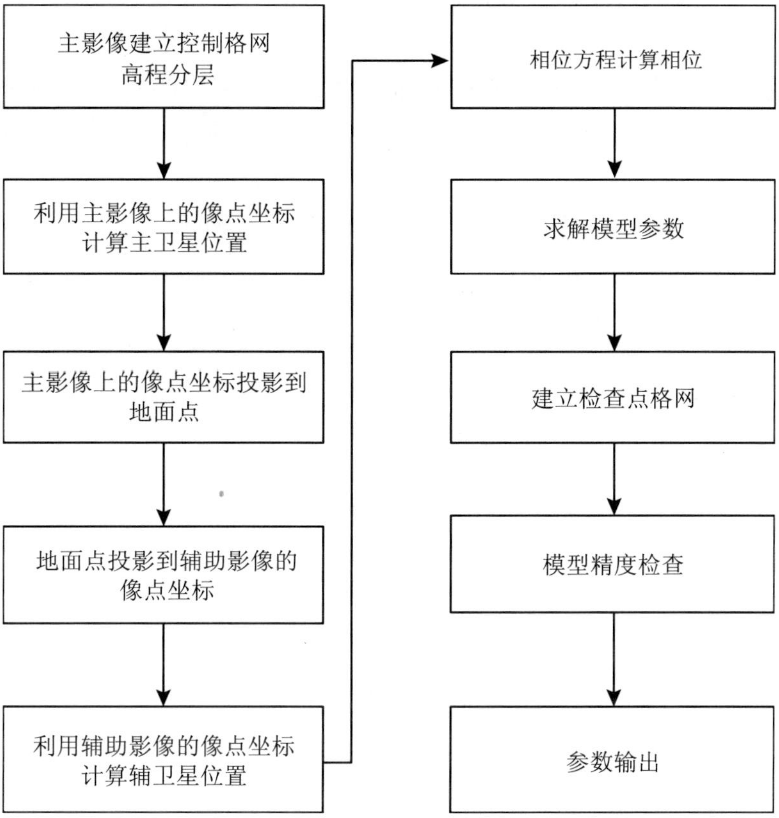

主影像建立控制格网
高程分层

利用主影像上的像点坐标
计算主卫星位置

主影像上的像点坐标投影到
地面点

地面点投影到辅助影像的
像点坐标

利用辅助影像的像点坐标
计算辅卫星位置

相位方程计算相位

求解模型参数

建立检查点格网

模型精度检查

参数输出

图6-4　相位方程RPC模型的建立

由图6-4可以看出，相位方程RPC模型的建立是基于主影像坐标的，即它的参数是主影像的像素坐标，而不是辅影像的像素坐标，但是这并不表示相位方程RPC模型的建立与辅影像没有关系。在相位方程RPC模型的建立过程中，既使用了主影像的RPC模型，也使用了辅影像的RPC模型，同时，相位本身的意义就表示着距离差，因而在建立过程中必然会同时用到主辅影像的信息。

相位方程RPC模型的具体建立过程如下。

（1）根据原始主影像的大小建立平面控制格网，建立的平面控制格网必须包含整幅影像，即控制格网的左上角坐标要小于影像的左上角坐标，控制格网的右下角坐标要大于影像的右下角坐标；引入美国地质调查局提供的全球1km分辨率DEM（Global 30-arc-second Digital Elevation Model）文件，使用R-D方程与地球椭球方程进行高程分层。高程分层的时候需要注意：由于后续去平地相位的处理中会计算零高程参考相位，因此高程分层的时候，最小高程要设置成零高程以下，即设置一个小于零的数值。

（2）对主影像上的控制点，使用由像点坐标与卫星位置拟合出的三次多项式来计算对应的主卫星的轨道坐标。

（3）将每层上的控制点的影像坐标代入到式（6-11）中，解出对应的地面点坐标，高程代入该层高程。

（4）求得的地面点坐标代入到式（6-10）中，求解出对应的辅影像的像素坐标。

（5）由辅影像的像点坐标计算该点辅卫星的轨道坐标，计算方法与上面提到的方法一致。

（6）由主卫星的轨道坐标、地面点的经纬度与高程坐标、辅卫星的轨道坐标分别计算主、辅影像上的像素点到地面点的斜距r_M和r_S，读取辅助文件得到雷达的波长λ，将参数代入相位方程$\varphi=-\frac{4\pi}{\lambda}(r_M-r_S)$，计算出相位$\varphi$。

（7）利用最小二乘平差原理，用严密成像几何模型所生成的控制点建立误差方程，使用武汉大学王新洲教授提出的谱修正迭代法解法方程，求出模型的参数，并进行精度检查，输出精度报告。

§6.5 星载InSAR的RPC模型参数求解实验

6.5.1 TerraSAR—X影像相应方程RPC模型参数求解实验

本实验采用的干涉数据为TerraSAR-X影像，实验区为武汉地区，数据类型是SSC产品，成像模式为条带（stripmap）模式，极化方式为HH，雷达波长为0.031 1cm；主影像的成像时间为2008年9月26日，中心点经纬度为30.396 7° N、114.456 4° E；辅影像的成像时间为2008年10月7日，中心经纬度为30.396 6° N，114.455 5° E。具体见表6-1。

表6-1 TerraSAR—X数据说明

影像类别	主影像	辅影像
成像时间	2008年9月26日	2008年10月7日
影像行列数	6 058×11 264	6 052×11 264
中心点经纬度	30.396 7° N，114.456 4° E	30.396 6° N，114.455 5° E
雷达波长	0.031 1 cm（X）	
地形描述	影像对应区域为中国湖北省武汉地区	

1. 不同形式的相位方程RPC模型参数求解精度对比

该组实验是在控制点格网大小为400像元×400像元，高程分15层，在每个格网中心计算1个检查点。表6-2中模型形式1、2、3表示有分母的RPC模型，模型形式4、5、6表示无分母的RPC模型。

表6-2　利用TerraSAR-X影像求解6种形式相位方程RPC模型参数的精度

模型形式	阶数	控制点残差 / rad			检查点残差 / rad		
		最大	最小	均方误差	最大	最小	均方误差
1	1	-4.3146×10^{-2}	1.8339×10^{-5}	2.9235×10^{-2}	1.2860×10^{-1}	-4.7841×10^{-7}	5.9104×10^{-2}
2	2	-1.8064×10^{-4}	1.3435×10^{-8}	8.4727×10^{-5}	9.9447×10^{-4}	1.0197×10^{-8}	2.9619×10^{-4}
3	3	-1.1543×10^{-6}	4.7294×10^{-11}	3.6345×10^{-7}	-1.1661×10^{-5}	8.3674×10^{-11}	2.4071×10^{-6}
4	1	-1.6720×10^{0}	-6.5803×10^{-4}	1.1299×10^{0}	3.7181×10^{0}	-1.8388×10^{-5}	1.8078×10^{0}
5	2	-2.6884×10^{-2}	3.4102×10^{-6}	1.8444×10^{-2}	1.4067×10^{-1}	2.2070×10^{-6}	4.4547×10^{-2}
6	3	-5.1617×10^{-4}	-2.0577×10^{-7}	2.9922×10^{-4}	5.3671×10^{-3}	9.9793×10^{-8}	1.2910×10^{-3}

由表6-2可以得出如下结论。

（1）相同的阶数，有分母的RPC模型比没有分母的RPC模型精度高，并且要高出2个以上的数量级。

（2）相同的模型形式（均为有分母或者均为无分母），三阶模型的精度比二阶模型的精度高，一阶模型的精度最差。

因此，后续的实验选择的模型是三阶有分母形式的RPC模型。

2. 格网大小对相位方程RPC模型参数求解精度的影响

该组实验采用上述TerraSAR-X数据及4种不同格网样式（样式1：格网大小为1 000像元×1 000像元，样式2：格网大小为800像元×800像元，样式3：格网大小为600像元×600像元，样式4：格网大小为400像元×400像元），高程分15层，在控制点格网的平面和高程中心生成检查点，从而评价格网大小对相位方程RPC模型参数求解精度的影响。实验结果见表6-3与图6-5。

表6-3　格网大小对TerraSAR-X影像求解相位方程RPC模型参数精度的影响

格网形式	模型形式	控制点残差 / rad			检查点残差 / rad		
		最大	最小	均方误差	最大	最小	均方误差
1	3	-1.1162×10^{-6}	-3.2742×10^{-10}	3.7058×10^{-7}	-1.0778×10^{-5}	5.2023×10^{-10}	2.5685×10^{-6}
2	3	-1.1191×10^{-6}	-5.8208×10^{-11}	3.8581×10^{-7}	-1.1052×10^{-5}	-6.5484×10^{-11}	2.4718×10^{-6}
3	3	-1.0760×10^{-6}	-6.5484×10^{-11}	3.6762×10^{-7}	-1.1052×10^{-5}	-5.3115×10^{-10}	2.3533×10^{-6}
4	3	-1.1543×10^{-6}	4.7294×10^{-11}	3.6345×10^{-7}	-1.1661×10^{-5}	8.3674×10^{-11}	2.4071×10^{-6}

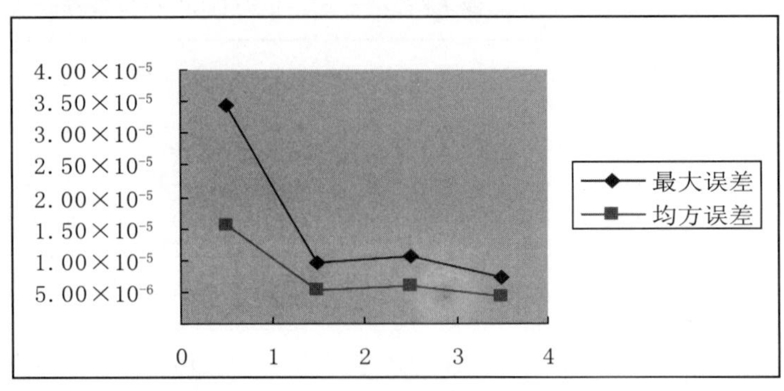

图6-5 格网大小对模型误差的影响

由表6-3和图6-5可以得出：4种格网形式的控制点和检查点的均方误差都是同一量级，并且相差不大，因此，格网大小对相位方程RPC模型参数求解精度的影响不显著。

3. 高程分层数对相位方程RPC模型参数求解精度的影响

该组实验的格网大小为400像元×400像元，高程分为3、6、9、12、15层，在控制点格网的平面和高程中心生成检查点，从而评价高程分层数对相位方程RPC模型参数求解精度的影响。

由表6-4和图6-6可知：5种高层分层形式的控制点和检查点的均方误差都在同一量级；高层分3层的均方误差要比其余形式大，尤其是检查点的均方误差，超出了其余形式的1倍多；高程分6、9、12、15层的情况下，它们之间的均方误差变化很小。因此，推荐选择后4种高程分层形式。

表6—4 高程分层对TerraSAR—X求解相位方程RPC模型参数精度的影响

高程层数	模型形式	控制点残差 / rad			检查点残差 / rad		
		最大	最小	均方误差	最大	最小	均方误差
3	3	-1.1404×10^{-6}	2.1828×10^{-11}	3.7173×10^{-7}	-2.0756×10^{-5}	2.6921×10^{-10}	5.3334×10^{-6}
6	3	-1.1518×10^{-6}	7.6398×10^{-11}	3.6501×10^{-7}	-1.2023×10^{-5}	-1.6007×10^{-10}	2.5323×10^{-6}
9	3	-1.1449×10^{-6}	-6.1846×10^{-11}	3.6353×10^{-7}	-1.1908×10^{-5}	-2.5102×10^{-10}	2.4878×10^{-6}
12	3	-1.1492×10^{-6}	$8.3674\times10-^{-11}$	3.6228×10^{-7}	-1.1802×10^{-5}	-2.9104×10^{-11}	2.4458×10^{-6}
15	3	-1.1543×10^{-6}	4.7294×10^{-11}	3.63451×10^{-7}	-1.1661×10^{-5}	8.3674×10^{-11}	2.4071×10^{-6}

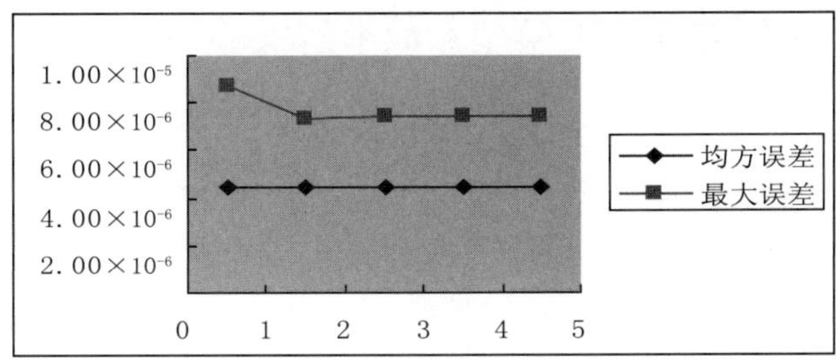

图6-6　高程分层对模型误差的影响

6.5.2　ERS影像相位方程RPC模型参数求解实验

前面以TerraSAR-X影像为例，分析了模型形式、格网大小与高程分层对模型误差的影响后，后续实验均选择三阶有分母的模型、400像元×400像元的格网大小、高程分为15层的形式。

ERS数据的实验区为三峡地区，数据类型是SLC产品，雷达波长为0.056 7cm，主影像中心经纬度为31.158°N、109.929°E，辅影像的中心经纬度为31.166°N、109.933°E。具体参见表6-5。

表6-5　ERS数据说明

影像类别	主影像	辅影像
影像行列数	26 652×4 900	26 592×4 900
中心点经纬度	31.158° N，109.929° E	31.166° N，109.933° E
雷达波长	0. 056 7 cm（C）	
地形描述	影像对应区域为中国三峡地区	

其相位方程RPC模型的实验结果见表6-6。

表6-6　ERS影像的相位方程RPC模型精度

相位精度	控制点	检查点
最大残差 / rad	7.35×10^{-3}	-7.92×10^{-3}
最小残差 / rad	2.21×10^{-8}	-8.47×10^{-7}
均方误差 / rad	2.26×10^{-3}	2.23×10^{-3}

6.5.3 ASAR影像相位方程RPC模型参数求解实验

本实验采用的干涉数据为ASAR，地区为伊朗巴姆火山地区，数据类型是SLC产品，雷达波长为0.056 2cm；主影像的成像时间为2003年6月11日，中心经纬度为29.146ºN、58.527ºE；辅影像的成像时间为2003年12月3日，中心经纬度为29.139ºN、58.522ºE。具体参见表6-7。

表6-7 ASAR实验数据说明

影像类别	主影像	辅影像
成像时间	2003年6月11日	2003年12月3日
影像行列数	26 888×5 167	26 897×5 167
中心点经纬度	29.146° N，58.527° E	29.139° N，58.522° E
雷达波长	0. 056 2 cm（C）	
地形描述	影像对应区域为伊朗巴姆地区	

其相位方程RPC模型的实验结果见表6-8。

表6-8 ASAR影像的相位方程RPC模型精度

相位精度	控制点	检查点
最大残差 / rad	5.01×10^{-3}	4.93×10^{-3}
最小残差 / rad	-9.78×10^{-8}	-1.66×10^{-7}
均方误差 / rad	1.18×10^{-3}	1.18×10^{-3}

6.5.4 ALOS影像相位方程RPC模型参数求解实验

本实验采用的干涉数据为ALOS，地区为日本富士地区，数据类型是SLC产品，雷达波长为0.236 0cm；主影像中心经纬度为35.439 ºN、138.574 ºE；辅影像中心经纬度为35.436 ºN、38.578 ºE。具体参见表6-9。

表6-9 ALOS实验数据说明

影像类别	主影像	辅影像
影像行列数	18 432×4 640	18 432×4 640
中心点经纬度	35.439° N，138.574° E	35.436° N，138.578° E
雷达波长	0.236 0 cm （L）	
地形描述	影像对应区域为日本富士以及周边地区	

其相位方程RPC模型的实验结果见表6-10。

表6-10　ALOS影像的相位方程RPC模型精度

相位精度	控制点	检查点
最大残差 / rad	1.83×10^{-4}	-1.78×10^{-4}
最小残差 / rad	-1.06×10^{-8}	7.34×10^{-9}
均方误差 / rad	5.45×10^{-5}	4.99×10^{-5}

6.5.5　COSMO–SkyMed影像相位方程RPC模型参数求解实验

本实验采用的干涉数据为COSMO-SkyMed，地区为山西地区，数据类型是SLC产品，雷达波长为0.031 2 cm；主影像中心经纬度为39.419° N、 112.394° E，辅影像中心经纬度为39.422° N、112.387° E。具体参见表6-11。

表6-11　COSMO-SkyMed实验数据说明

影像类别	主影像	辅影像
成像时间	2008年11月23日	2008年12月9日
影像行列数	18 880×19 662	18 896×19 662
中心点经纬度	39.419° N，112.394° E	39.422° N，112.387° E
雷达波长	0.031 2 cm（X）	
地形描述	影像对应区域为中国山西地区	

其相位方程RPC模型的实验结果见表6-12。

表6-12　COSMO-SkyMed影像的相位方程RPC模型精度

相位精度	控制点	检查点
最大残差 / rad	-1.13×10^{-3}	8.97×10^{-4}
最小残差 / rad	2.98×10^{-9}	7.81×10^{-9}
均方误差 / rad	2.03×10^{-4}	1.94×10^{-4}

§6.6　星载InSAR的RPC模型误差评定

用RPC模型替代InSAR严密几何模型的相位方程，必然会带来模型的替代误差。因此，就会引入一个关键的问题，即模型的替代误差对InSAR的测量会造成何种程度的精度损失。下面从相位方程入手对精度损失进行分析。

在干涉相位方程即式（6-7）中，令

$$R = \left|\boldsymbol{P} - \boldsymbol{S}_{\mathrm{S}}\right| - \left|\boldsymbol{P} - \boldsymbol{S}_{\mathrm{M}}\right|$$

则有

$$\varphi = \frac{4\pi}{\lambda} R$$

对φ求导可以得出

$$\frac{\mathrm{d}R}{\mathrm{d}\varphi} = \frac{\lambda}{4\pi}$$

由此可以看出，沿视线方向的距离与相位的导数是波长的函数。

表6-13统计了各种数据的模型误差转换到波长的量值。由此可以得出：高分辨率数据ALOS、COSMO-SkyMed、TerraSAR-X的相位方程RPC模型精度很高，可以达到十万分之一个波长，ERS、ASAR的相位方程RPC模型精度也可以达到万分之一个波长。因此，相位方程RPC模型的精度符合要求。

表6-13　不同数据检查点的均方误差

星载InSAR数据	检查点均方误差	转化为波长
ERS	2.23×10^{-3}	$1.77\times10^{-4}\cdot\lambda$
ASAR	1.18×10^{-3}	$9.39\times10^{-5}\cdot\lambda$
ALOS	4.99×10^{-5}	$3.97\times10^{-6}\cdot\lambda$
COSMO-SkyMed	1.94×10^{-4}	$1.54\times10^{-5}\cdot\lambda$
TerraSAR-X	4.41×10^{-6}	$3.51\times10^{-7}\cdot\lambda$

第 7 章　星载InSAR基于RPC模型的DEM提取方法

星载InSAR提取DEM的基本流程如图7-1所示，包括数据输入、影像配准、干涉图生成、去平地效应、相位解缠、相位滤波、基线估计、相位高程转换与地理编码以及DEM生成。RPC模型可以直接应用在去平地效应和相位高程转换之中；而在基线估计中，由于RPC模型没有直接求解出基线参数，所以可使用相位估计来替代基线估计，并且校正后的干涉相位也可以补偿基线误差。

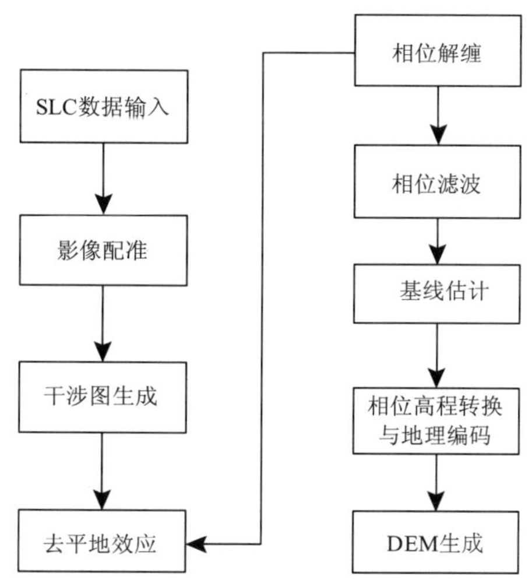

图7-1　星载InSAR处理流程

§7.1　基于RPC模型的轨道粗配准

如图7-2所示，轨道粗配准的具体过程如下。

（1）选择一个主辅影像重叠区域的像点，因为还没有进行配准，无法确定重叠区域，所以通常选取的都是主影像的中心点。

（2）将主影像的中心点坐标代入式（6-11），可得

$$D_{lat}=f'_{2M}（S_M，l_M，D_{hei}）$$

$$D_{lon}=f'_{3M}（S_M，l_M，D_{hei}）$$

由于计算过程中要用到主影像中心点的高程值，为了处理的方便，这里设置为0，即假设该点位于椭球面上；也可以将中心点的高程值设置成这个区域的平均高程值，从理论上来说，中心点设置成0或者是平均高程都没有影响。

（3）将地面点的经纬度坐标代入式（6-10），可得

$$s_S = f_{2S}(D_{lat}, D_{lon}, D_{hei})$$
$$l_S = f_{3S}(D_{lat}, D_{lon}, D_{hei})$$

高程设置成（2）中输入的高程，计算辅影像的像素坐标。

（4）利用s_M、l_M、s_s、l_S计算主辅影像之间的偏移量。

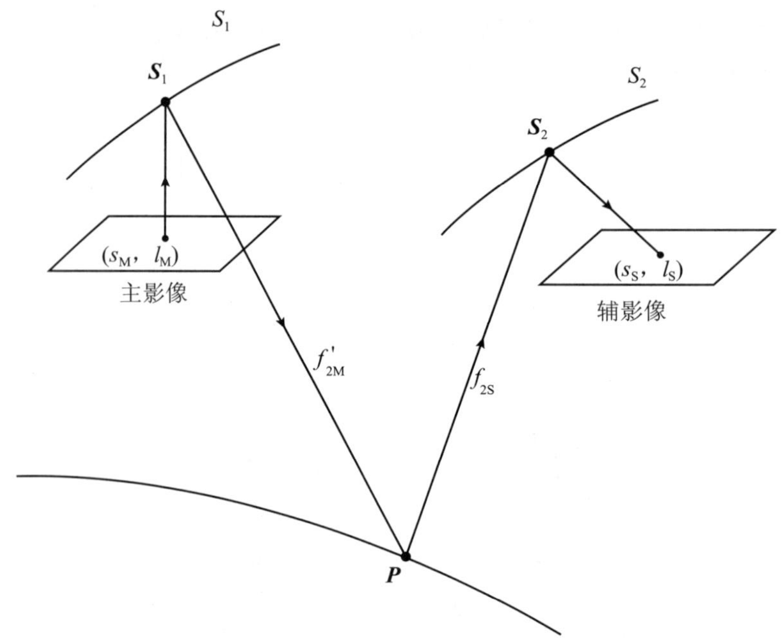

图7-2 轨道粗配准示意图

§7.2 基于RPC模型的去平地效应

7.2.1 去平地效应的原理

提供给相位解缠的干涉条纹图，在单视复影像相乘的结果基础上还要考虑消除所谓的平地效应，或者简称为置平，以使得相位解缠更为简单。

图7-3说明了平地相位产生的原理。

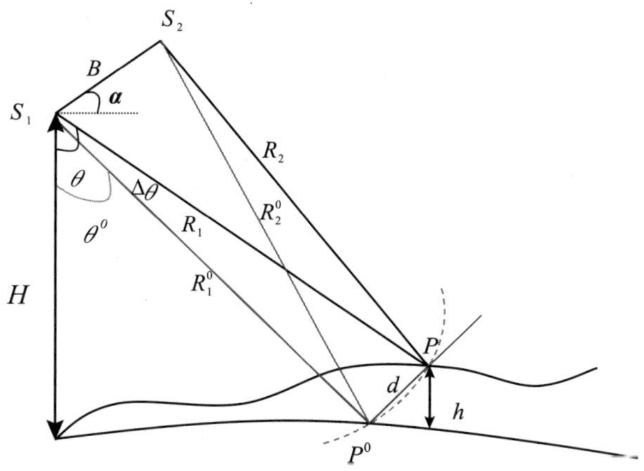

图7-3　平地效应原理示意图

图中，P^0是位于参考椭球面上的一点；R_1^0、R_2^0分别是S_1、S_2到P^0的斜距；d是P^0和P之间的直线距离；$\boldsymbol{\Delta\theta}$是$\boldsymbol{\theta}$到$\boldsymbol{\theta}^0$的变化量。

如图7-3所示，干涉相位中既包含了地形产生的相位，又包含了参考椭球体产生的相位。图7 3中，$S_1P=S_1P^0$，则P和P^0位于同一像元内。这里定义位于参考椭球面上的P^0引起的相位$\boldsymbol{\varphi}_{\text{flat}}$为参考椭球引起的相位，即参考相位，又称为平地效应。那么，参考椭球体产生的相位可以表示为

$$\varphi_{\text{flat}}=-\frac{4\pi}{\lambda}B\sin(\theta^0-\alpha)$$

所以，由地形h引起的地形相位可以表示为

$$\varphi_{\text{topo}}=\varphi-\varphi_{\text{flat}}$$

即

$$\begin{aligned}\varphi_{\text{topo}}&=-\frac{4\pi}{\lambda}B[\sin(\boldsymbol{\theta}-\boldsymbol{\alpha})-\sin(\boldsymbol{\theta}^0-\boldsymbol{\alpha})]\\&=-\frac{4\pi}{\lambda}B[\sin(\boldsymbol{\theta}^0-\boldsymbol{\alpha}+\Delta\boldsymbol{\theta})-\sin(\boldsymbol{\theta}^0-\boldsymbol{\alpha})]\\&=-\frac{4\pi}{\lambda}B\cos(\boldsymbol{\theta}^0-\boldsymbol{\alpha})\Delta\boldsymbol{\theta}\end{aligned}$$

由于$\Delta\boldsymbol{\theta}$很小，所以有

$$\Delta\boldsymbol{\theta}=\frac{d}{R_1}$$

又

$$d = \frac{h}{\sin\theta^0}$$

则

$$\Delta\theta = \frac{h}{R_1 \sin\theta^0}$$

最后可以得出

$$\varphi_{\text{topo}} = -\frac{4\pi B_{\perp}^{0}}{\lambda R_1 \sin\theta^0} h$$

7.2.2 基于RPC模型的去平地效应

基于RPC模型的去平地效应的流程图如图7-4所示。

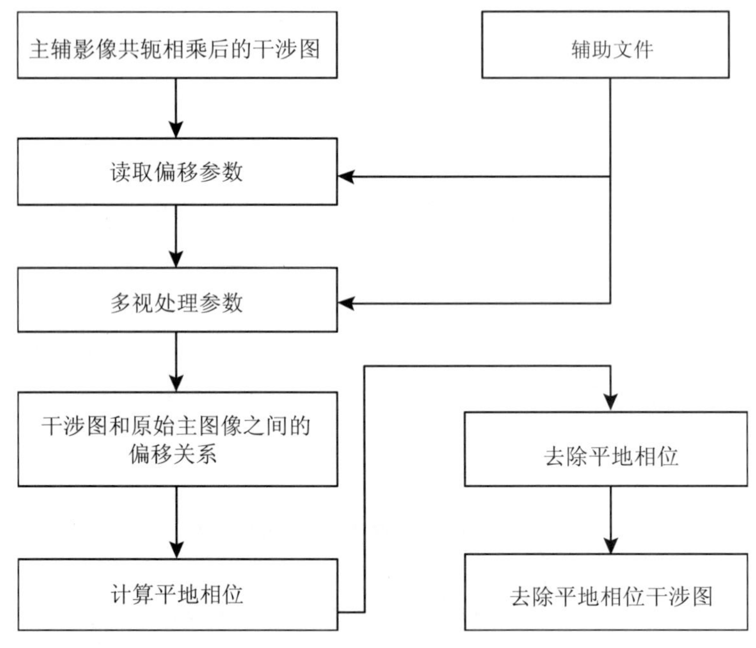

图7-4 基于RPC模型的去平地效应流程图

由7.2节中的去平地效应原理可以得出：地形相位可以由主辅影像共轭相乘后得到的相位减去平地相位得出。主辅影像共轭相乘后得到的相位可以在配准采样后通过计算得出，平地相位可以由RPC模型直接得到。式6-11中，（s_M，l_M）为主影像的像点坐标，D_{hei}赋值为0，代入式（6-8）中，即可求得0高程对应的参考相位。其具体过程如下。

（1）通过干涉辅助文件读取主影像与主辅影像共轭相乘后的干涉图之间的行、列的偏移量，因为主辅影像共轭相乘后的干涉图是由主辅影像配准、辅影像采样后得出的，配准过程中主辅影像必然存在行方向和列方向的偏移量，因此干涉图的像素坐标和主影像的像素坐标存在偏移关系。

（2）通过干涉辅助文件读取多视处理参数。

（3）根据偏移参数和多视处理参数计算主影像和干涉图之间的像素对应关系，计算出干涉图中的每个像素坐标对应的主影像的像素坐标。

（4）将主影像的像素坐标（s_M，l_M）代入到中$\varphi=f_1$（s_M，l_M，D_{hei}）中，D_{hei}设置为0，计算出平地相位φ。

（5）通过复数的性质去除平地相位，其公式为

$$I_{(s,l)}-I_{(s,l)}\cdot(\cos\varphi-\mathrm{i}\cdot\sin\varphi)$$

式中，$I_{(s,l)}$表示主辅影像共轭相乘后的复干涉图；·表示复数乘法；φ表示(s,l)对应的平地相位。

（6）输出去除平地相位后的干涉图。

用主辅影像共轭相乘后得到的相位减去求得的参考相位，即得到去平地后的干涉相位。

§7.3　基于RPC模型的去参考DEM相位

7.3.1　去参考DEM相位的原理

去参考DEM相位的原理和D-InSAR的原理有些类似，如果有外部参考DEM，可以由这个DEM按照卫星参数模拟出参考DEM的相位，由主辅影像共轭相乘所得到的相位减去参考DEM的相位可以求出变化量，这个变化量就表示实际的高程和参考高程的变化，即反映了一段时间内的高程变化。

7.3.2　基于RPC模型的去参考DEM相位的方法

根据RPC模型，（s_M，l_M）为主影像的像点坐标，通过像点坐标变换到地面点经纬度坐标，然后根据地面点的经纬度坐标在辅助高程数据上内插出一个高程值，设定阈值后迭代求解（迭代流程如图7-5所示），得到该点的高程值，再通过求平地相位的方法求解出参考DEM对应的相位。

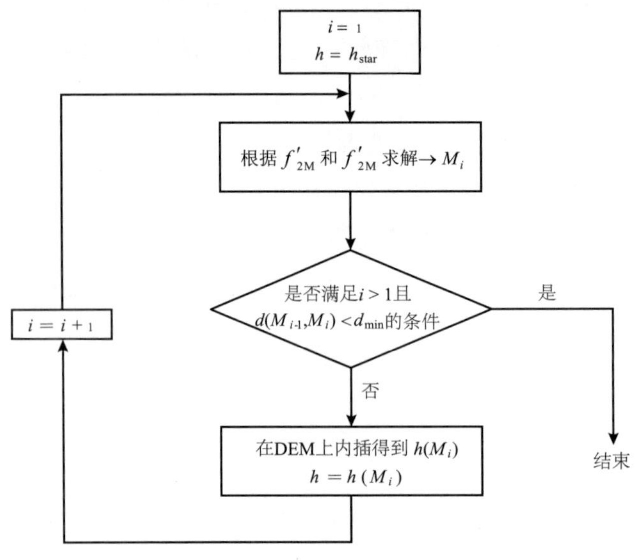

图7-5 高程内插的迭代算法

§7.4 基于RPC模型的相位估计

7.4.1 基线估计的原理

基线是干涉测量中的关键参数。基线的存在是干涉测量的基础，当基线为零时，两次成像的微波传播路径差为零，不能进行干涉测量。当两幅SAR影像垂直基线大于极限基线时，两幅SAR影像完全不相干，也不能进行干涉测量。在临界基线内，基线的长度决定了两幅SAR影像的几何去相干，长度越大，几何去相干越强，干涉图的信噪比降低。基线是干涉图像对选取的首要依据。垂直基线的长度决定了干涉测量的高度模糊度，垂直极限越大，干涉相位对地形高度变化的敏感度越强。同时，垂直基线是相位高度变换中的比例因子。垂直基线的误差以倍增的方式直接传递到生成的高度图中，小量级的基线误差将使得高度图存在一个高一个数量级的误差。因而，干涉测高对干涉基线的精度要求很高。

基线估计是干涉测高处理流程中的一个重要组成部分，因为精度要求极高，是干涉测量的难点。

7.4.2 相位估计

近年来，有的学者提出了可以用相位估计来代替基线估计，因为相位估计后可以直接使用补偿后的解缠相位进行相位高程转换，使得整个处理流程更加简化；同时，校正后的干涉相位也可以补偿基线误差。

参考Mora等（2003）提出的平差模型，该模型对于主影像，选取了第一行的成像时间、每行的成像时间间隔、第一列的斜距时间、干涉相位的偏移量、干涉相位在方位向和距离向的线性量作为对基线的补偿；对于辅图像，则只选择了前3个变量。

因此，这里选取9个变量，使用控制点来进行模型的校正，即

$$\left.\begin{aligned} F_1 &= a_0 + a_1 s_{\mathrm{M}} + a_2 l_{\mathrm{M}} + \varphi - \varphi' \\ F_2 &= b_0 + b_1 s_{\mathrm{M}} + b_2 l_{\mathrm{M}} - s'_{\mathrm{M}} \\ F_3 &= c_0 + c_1 s_{\mathrm{M}} + c_2 l_{\mathrm{M}} - l'_{\mathrm{M}} \end{aligned}\right\} \tag{7-1}$$

式中（S'_{M}，l'_{M}）为控制点量测坐标；φ'为解缠后相位；a_0为干涉相位的偏移量，a_1为干涉相位在距离向的线性量；a_2为干涉相位在方位向的线性量；b_0、b_1、b_2、c_0、c_1、c_2则是对距离向和方位向的补偿。

§7.5　基于RPC模型的相位高程转换

从相位到高程的转换是指解缠后的相位到高程的计算。目前，常用的几种方法有：1992年提出的通过雷达成像几何关系先计算sin（θ-α）再解算地面高程的方法，1995年提出的先完成一些参照点的计算再和实际值比较来推导出其他点的高程的方法以及武汉大学李平湘、杨杰提出的从几何模型关系来解算相位高程转换的方法。

根据§7.4相位估计中计算出来的系数，对相位以及方位行和距离列进行补偿后，就可以使用RPC模型直接进行相位高程转换。

相位估计后，使用控制点文件可以计算出式（7-1）中的9个余数，即a_0、a_1、a_2、b_0、b_1、b_2、c_0、c_1、c_2。式（7-1）中s_{M}、l_{M}、φ均是D_{lat}、D_{lon}、D_{hei}的函数，因而问题转化为3个方程解求3个未知数。由于为非线性方程，必须先对方程进行线性化，然后赋予初值，进行迭代求解。其具体过程如下。

F_1、F_2、F_3对D_{lat}、D_{lon}、D_{hei}求偏导，可得

$$\begin{aligned} \frac{\partial F_1}{\partial D_{\mathrm{lat}}} &= a_1 \frac{\partial s_{\mathrm{M}}}{\partial D_{\mathrm{lat}}} + a_2 \frac{\partial l_{\mathrm{M}}}{\partial D_{\mathrm{lat}}} + \frac{\partial \varphi}{\partial D_{\mathrm{lat}}} \\ \frac{\partial F_1}{\partial D_{\mathrm{lon}}} &= a_1 \frac{\partial s_{\mathrm{M}}}{\partial D_{\mathrm{lon}}} + a_2 \frac{\partial l_{\mathrm{M}}}{\partial D_{\mathrm{lon}}} + \frac{\partial \varphi}{\partial D_{\mathrm{lon}}} \\ \frac{\partial F_1}{\partial D_{\mathrm{hei}}} &= a_1 \frac{\partial s_{\mathrm{M}}}{\partial D_{\mathrm{hei}}} + a_2 \frac{\partial l_{\mathrm{M}}}{\partial D_{\mathrm{hei}}} + \frac{\partial \varphi}{\partial D_{\mathrm{hei}}} \end{aligned}$$

$$\frac{\partial F_2}{\partial D_{\mathrm{lat}}}=b_1\frac{\partial s_{\mathrm{M}}}{\partial D_{\mathrm{lat}}}+b_2\frac{\partial l_{\mathrm{M}}}{\partial D_{\mathrm{lat}}}$$
$$\frac{\partial F_2}{\partial D_{\mathrm{lon}}}=b_1\frac{\partial s_{\mathrm{M}}}{\partial D_{\mathrm{lon}}}+b_2\frac{\partial l_{\mathrm{M}}}{\partial D_{\mathrm{lon}}}$$
$$\frac{\partial F_2}{\partial D_{\mathrm{hei}}}=b_1\frac{\partial s_{\mathrm{M}}}{\partial D_{\mathrm{hei}}}+b_2\frac{\partial l_{\mathrm{M}}}{\partial D_{\mathrm{hei}}}$$

$$\frac{\partial F_3}{\partial D_{\mathrm{lat}}}=c_1\frac{\partial s_{\mathrm{M}}}{\partial D_{\mathrm{lat}}}+c_2\frac{\partial l_{\mathrm{M}}}{\partial D_{\mathrm{lat}}}$$
$$\frac{\partial F_3}{\partial D_{\mathrm{lon}}}=c_1\frac{\partial s_{\mathrm{M}}}{\partial D_{\mathrm{lon}}}+c_2\frac{\partial l_{\mathrm{M}}}{\partial D_{\mathrm{lon}}}$$
$$\frac{\partial F_3}{\partial D_{\mathrm{hei}}}=c_1\frac{\partial s_{\mathrm{M}}}{\partial D_{\mathrm{hei}}}+c_2\frac{\partial l_{\mathrm{M}}}{\partial D_{\mathrm{hei}}}$$

由于φ是S_{M}、l_{M}、D_{hei}的函数，s_{M}、l_{M}也是D_{lat}、D_{lon}、D_{hei}的函数，因此有

$$\frac{\partial s_{\mathrm{M}}}{\partial D_{\mathrm{lat}}}=\frac{\partial f_{2\mathrm{M}}}{\partial D_{\mathrm{lat}}}$$
$$\frac{\partial s_{\mathrm{M}}}{\partial D_{\mathrm{lon}}}=\frac{\partial f_{2\mathrm{M}}}{\partial D_{\mathrm{lon}}}$$
$$\frac{\partial s_{\mathrm{M}}}{\partial D_{\mathrm{hei}}}=\frac{\partial f_{2\mathrm{M}}}{\partial D_{\mathrm{hei}}}$$

$$\frac{\partial l_{\mathrm{M}}}{\partial D_{\mathrm{lat}}}=\frac{\partial f_{3\mathrm{M}}}{\partial D_{\mathrm{lat}}}$$
$$\frac{\partial l_{\mathrm{M}}}{\partial D_{\mathrm{lon}}}=\frac{\partial f_{3\mathrm{M}}}{\partial D_{\mathrm{lon}}}$$
$$\frac{\partial l_{\mathrm{M}}}{\partial D_{\mathrm{hei}}}=\frac{\partial f_{3\mathrm{M}}}{\partial D_{\mathrm{hei}}}$$

$$\frac{\partial \varphi}{\partial D_{\mathrm{lat}}}=\frac{\partial f_1}{\partial s_{\mathrm{M}}}\frac{\partial s_{\mathrm{M}}}{\partial D_{\mathrm{lat}}}+\frac{\partial f_1}{\partial l_{\mathrm{M}}}\frac{\partial l_{\mathrm{M}}}{\partial D_{\mathrm{lat}}}=\frac{\partial f_1}{\partial s_{\mathrm{M}}}\frac{\partial f_{2\mathrm{M}}}{\partial D_{\mathrm{lat}}}+\frac{\partial f_1}{\partial l_{\mathrm{M}}}\frac{\partial f_{3M}}{\partial D_{\mathrm{lat}}}$$
$$\frac{\partial \varphi}{\partial D_{\mathrm{lon}}}=\frac{\partial f_1}{\partial s_{\mathrm{M}}}\frac{\partial s_{\mathrm{M}}}{\partial D_{\mathrm{lon}}}+\frac{\partial f_1}{\partial l_{\mathrm{M}}}\frac{\partial l_{\mathrm{M}}}{\partial D_{\mathrm{lon}}}=\frac{\partial f_1}{\partial s_{\mathrm{M}}}\frac{\partial f_{2\mathrm{M}}}{\partial D_{\mathrm{lon}}}+\frac{\partial f_1}{\partial l_{\mathrm{M}}}\frac{\partial f_{3M}}{\partial D_{\mathrm{lon}}}$$
$$\frac{\partial \varphi}{\partial D_{\mathrm{hei}}}=\frac{\partial f_1}{\partial s_{\mathrm{M}}}\frac{\partial s_{\mathrm{M}}}{\partial D_{\mathrm{hei}}}+\frac{\partial f_1}{\partial l_{\mathrm{M}}}\frac{\partial l_{\mathrm{M}}}{\partial D_{\mathrm{hei}}}+\frac{\partial f_1}{\partial D_{\mathrm{hei}}}=\frac{\partial f_1}{\partial s_{\mathrm{M}}}\frac{\partial f_{2\mathrm{M}}}{\partial D_{\mathrm{hei}}}+\frac{\partial f_1}{\partial l_M}\frac{\partial f_{3M}}{\partial D_{\mathrm{hei}}}+\frac{\partial f_1}{\partial D_{\mathrm{hei}}}$$

通过以上公式对RPC模型进行线性化后，构造未知数的初值，再通过高斯迭代就可以求得最终的经纬度和高程值。

第 8 章　星载SAR的几何纠正

§8.1　星载SAR的几何纠正概述

SAR影像固有的透视收缩、叠掩和阴影等几何特征不利于一般用户对影像特征的理解与专题信息的提取。而在实际应用过程中，大多需要采用符合某种地图投影的新影像，这样就需要将原始的具有几何畸变的影像进行几何纠正处理，从而得到满足要求的影像。遥感影像几何纠正的实质是探讨将影像上量测的像点坐标经何种变换后得到规定投影面上的平面坐标。“几何纠正”是一般意义上的概念，它不仅是指只对像元进行地理参考定位而不对地形引起的几何畸变进行校正的方法，还是指既对影像像元进行精确的地理定位又对地形引起的几何畸变进行校正的方法。前者通常指地理参考编码，后者是指正射校正处理。本书中的几何纠正指的就是正射校正。

目前国内外均采用距离-多普勒（R-D）定位模型进行几何纠正处理（Johnsen et al, 1995; Schreier et al, 1990）。其方法主要分两类：①在星载SAR影像和相关地形图和正射影像上选取控制点，优化R-D模型参数进行几何纠正；②在山地和高山地等选点困难地区，利用对应区域的DEM和R-D模型参数来模拟星载SAR影像，通过真实SAR影像和模拟SAR影像的配准，建立真实SAR影像上像点跟地面点的对应关系，从而进行几何纠正。

基于RPC模型的SAR影像几何纠正主要步骤包括R-D模型建立、RPC参数求解、精化RPC模型与像素灰度重采样，其流程如图8-1所示。

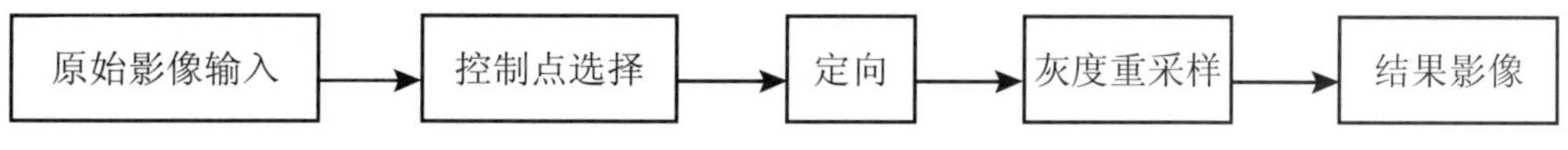

图8-1　基于RPC模型的星载SAR影像模拟

§8.2　基于RPC模型的星载SAR影像模拟

由于利用模拟SAR影像可方便控制点的选取，下面将介绍基于RPC模型的影像模拟方法。基于RPC模型的影像模拟实际上是结合卫星RPC参数以及DEM信息生成模拟影像的过程。对于DEM上的任意高程点，利用RPC模型求解出对应在影像坐标系下的影像坐标，并生成模拟影像。模拟过程以DEM及覆盖DEM区域的真实SAR影像的元数据信息作为输入数据，模拟SAR影像作为输出数据，具体流程（如图8-2所示）如下。

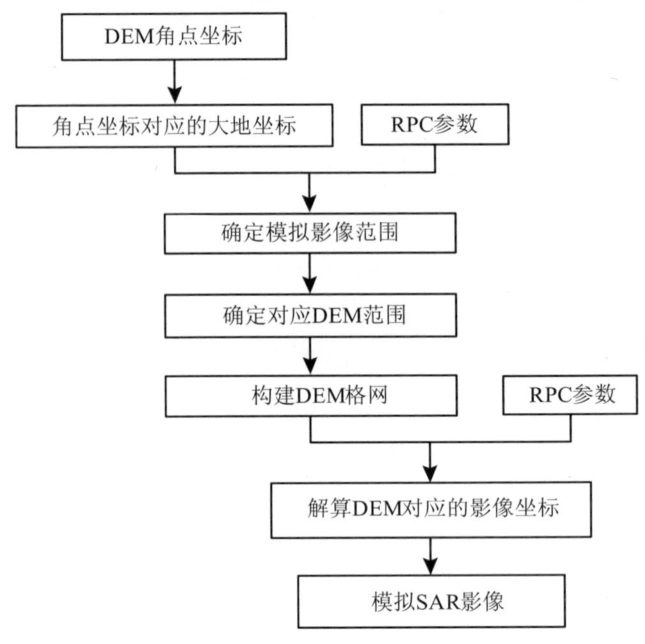

图8-2 基于RPC模型的SAR影像模拟流程

8.2.1 输入数据

（1）DEM影像：处于一定地图投影下，建立在大地坐标系统中。

（2）覆盖该DEM影像的真实SAR影像的元数据信息：包括建立定位模型所必须的各种参数，这些参数最好已经控制点优化处理。

8.2.2 输出数据

输出模拟SAR影像（SAR影像坐标空间）：若SAR元数据对应的真实SAR影像是斜距影像，则模拟影像也是斜距影像；若对应的是地距影像，模拟影像也是地距影像。

8.2.3 模拟过程

（1）确定模拟影像的范围：提取DEM的4个角点坐标并转换为WGS-84坐标系下的大地坐标，利用RPC模型反变换解算各角点在原始SAR影像空间的像素坐标，并结合原始SAR影像的大小，确定模拟影像的大小。在此过程中，DEM的4个角点仅利用其平面投影坐标，高程选取该区域的最高和最低高程进行计算，获得尽可能大的模拟影像区域。该流程如图8-3所示。

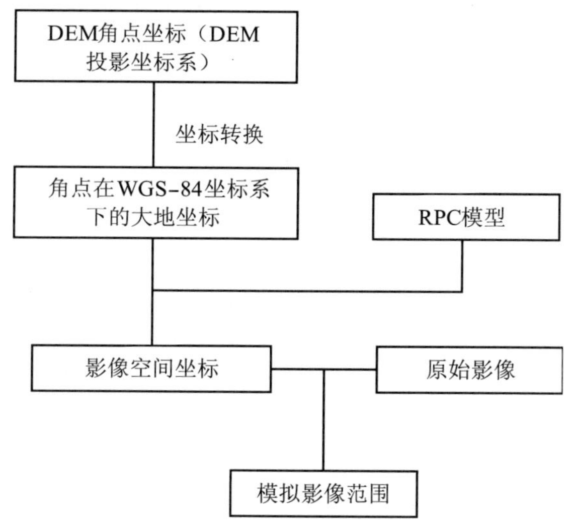

图8-3　确定模拟影像范围的流程

（2）确定模拟影像对应的DEM的范围：对于（1）中确定的模拟影像的4个角点，利用RPC模型正变换投影到平均高程面，并将WGS-84坐标系下的大地坐标转换为原DEM的投影坐标。

（3）DEM内插：由于DEM的分辨率低于真实SAR影像，在进行影像模拟时为了获得精细的模拟影像，需要进行适当的DEM插值，本文采用双线性内插方法。

（4）模拟影像坐标解算：对于DEM上任意一点，通过建立的DEM格网内插出WGS-84坐标系下的大地坐标，利用RPC模型可求解其对应的模拟影像上的坐标；由于SAR数据通常较大，在进行解算时往往需要进行分块处理。

（5）确定模拟影像灰度：对于SAR模拟影像像元灰度值的确定，Wivell等（1992）提出可以用$K\sqrt{\sigma}$来表示（其中K为常数，$\sqrt{\sigma}$为雷达散射截面），因为$\sqrt{\sigma}$与DEM分辨率单元对模拟影像像元散射能量的贡献成正比，而Small（1998）直接采用地面散射单元面积作为模拟得到的影像像元值。本书采用Guindon等（1992）提出的方法。Guindon的方法设$P_S=K$（其中K是个常数，如$K=1$），则模拟得到的雷达影像其像元值不具有物理意义，但Guindon阐述模拟影像的特征是由地面散射单元面积的总和决定的，采用什么样的后向散射模型用于单个地面分辨单元σ的计算并不重要。本书在此思路基础上，基于双线性内插的思想，针对利用几何模型投影到模拟影像的像元位置数值为非整情况提出了基于面积贡献大小的灰度确定方法。如图8-4所示，假设DEM分辨单元对应的模拟影像坐标为（x，y），其中（x_1，y_1）、（x_2，y_2）、（x_3，y_3）、（x_4，y_4）分别为模拟影像上（x，y）对应的邻域的像点坐标，对于模拟影像上的任意一点，其实际代表了一块地面区域。因此，对于像点（x，y），具灰度来源于4个部分，即4个相邻像点的贡献值之和，表现在图中就是以（x，y）为中心的区域与其他4个相邻像点对应区域的面积，故4个相邻像点对于（x，y）灰度贡献值的大小可用相交区域的大小表示。例如，（x_1，y_1）对于（x，y）的贡献值表现为图中灰色区域的大小，即为（$1-x+x_1$）（$1-y+y_1$），也就可以认为像元（x_1，y_1）的灰度为（$1-x+x_1$）（$1-y+y_1$）。

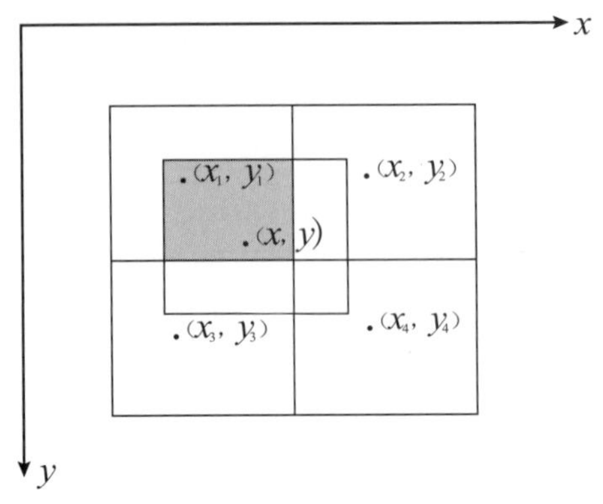

图8-4　SAR模拟影像灰度确定示意图

依据以上“基于RPC模型的影像模拟”理论生成模拟影像，结果如图8-5所示。从图8-5可以看出模拟影像与真实SAR影像具有相同的几何特征，二者在视觉上一致，地形脉络一致。这种特征上的一致性，给选点提供了可能性。

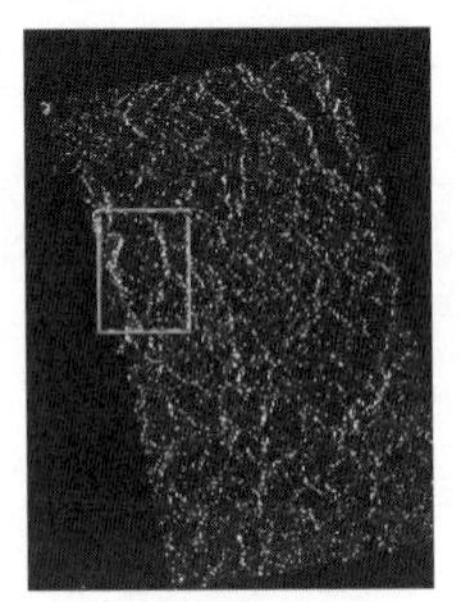
（a）SAR影像

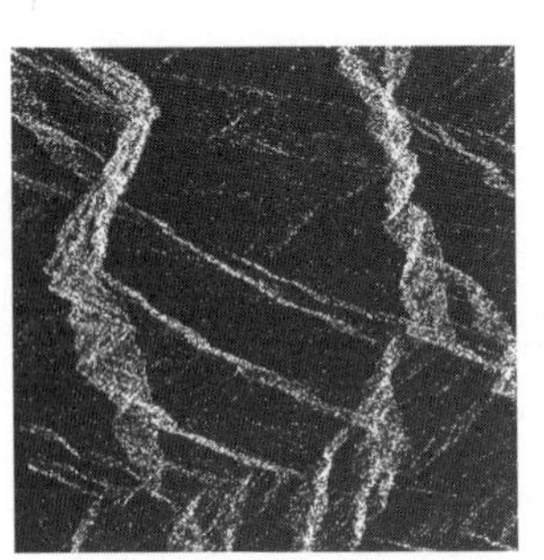
（b）模拟SAR影像

（c）SAR影像局部

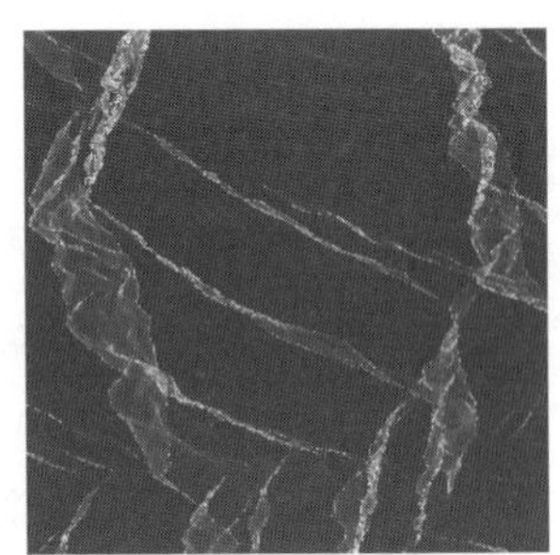
（d）模拟SAR影像局部

图8-5　SAR影像及其模拟影像的对比

§8.3　实验及结果分析

8.3.1　角反射器定向实验

下面分别选取§4.2节中广东地区布设有角反射器的TerraSAR-X与COSMO-SkyMed影像各两景，按照§4.2节提到的质心算法进行定向实验。

1. TerraSAR-X影像实验

广州地区两景TerraSAR-X影像定向实验结果见表8-1和表8-2。

表8-1　2010年1月19日TerraSAR-X影像定向结果

控制点个数	控制点精度 / 像素			检查点精度 / 像素		
	列	行	平面	列	行	平面
0				5.639 3	0.562 3	5.667 2
1				0.345 5	0.161 4	0.381 4
4	0.050 3	0.002 2	0.050 3	0.102 2	0.118 5	0.156 5
5	0.066 6	0.037 4	0.076 4	0.041 8	0.145 9	0.151 7
6	0.062 7	0.063 1	0.088 9			

表8-2　2010年1月24日TerraSAR-X影像定向结果

控制点个数	控制点精度 / 像素			检查点精度 / 像素		
	列	行	平面	列	行	平面
0				3.048 4	0.412 9	3.076 2
1				0.191 0	0.245 6	0.311 1
4	0.017 8	0.026 1	0.031 6	0.043 6	0.107 4	0.115 9
5	0.018 4	0.063 9	0.066 5	0.053 9	0.039 5	0.066 8
6	0.024 9	0.059 9	0.064 9			

2. COSMO-SkyMed影像实验

广州地区两景COSMO-SkyMed影像定向实验结果见表8-3和表8-4。

表8-3　2010年1月31日 COSMO-SkyMed影像定向结果

控制点个数	控制点精度 / 像素			检查点精度 / 像素		
	列	行	平面	列	行	平面
0				0.868 5	0.353 3	0.937 6
1				0.191 5	0.148 5	0.242 3
4	0.010 0	0.047 9	0.048 9	0.090 8	0.098 0	0.133 6
5	0.023 5	0.065 7	0.069 7	0.107 1	0.034 9	0.112 7
6	0.044 0	0.061 3	0.075 4			

表8-4 2010年2月5日 COSMO-SkyMed影像定向结果

控制点个数	控制点精度 / 像素			检查点精度 / 像素		
	列	行	平面	列	行	平面
0				0.666 0	0.852 4	1.081 8
1				0.328 6	0.073 9	0.336 8
4	0.068 6	0.000 0	0.068 6	0.017 6	0.041 6	0.045 2
5	0.061 6	0.022 8	0.065 7	0.017 9	0.009 9	0.020 4
6	0.056 6	0.021 2	0.060 5			

8.3.2 平原选点纠正实验

对于平原地区，地形起伏引起的误差基本可以忽略，因此可以通过在真实SAR影像与地形资料上选取一定数目的控制点建立仿射变换模型进行几何纠正。这里选取广东地区的TerraSAR-X与COSMO-SkyMed各一景影像进行几何纠正。实验数据的基本信息见表8-5。

表8-5 平原选点纠正实验数据基本信息

传感器	TerraSAR-X	COSMO-SkyMed
获取时间	2007年10月6日	2008年3月21日
影像大小	16 545×23 454	19 650×20 000
中心点经纬度	23.12° N，113.44° E	22.82° N，113.46° E
升降轨及下视方向	升轨，右视	降轨，右视
采样间隔	2.75m	2.5m
成像模式	条带（stripmap）式	聚束（spotlight）式
极化方式	VV	HH
产品类型	GEC	GEC
倾角	32.50°	23°
地形	平原	平原

1. TerraSAR-X影像实验

TerraSAR-X影像实验基本结果如下。图8-6为控制点分布图，图8-7为正射影像及残差分布图，表8-6为定向精度，表8-7为几何纠正精度。表中RMS表示均方根误差（root mean square error）。

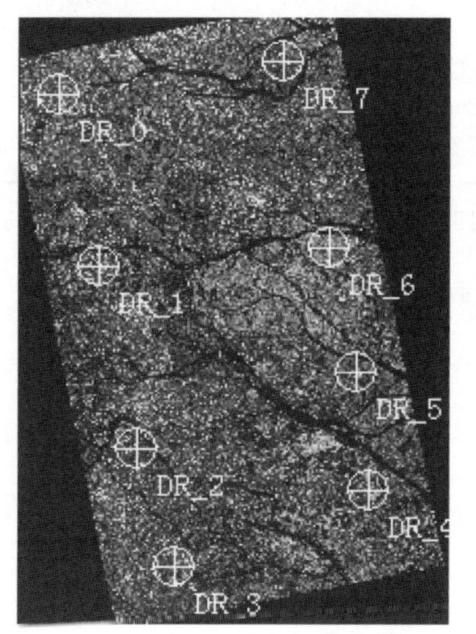

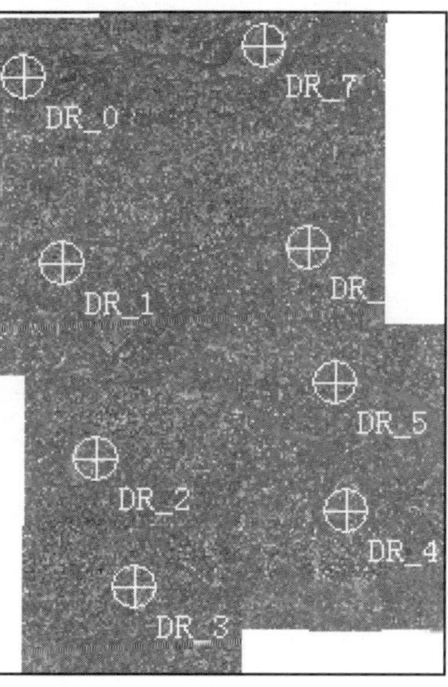

图8-6　平原地区的TerraSAR-X影像控制点分布

表8-6　平原地区的TerraSAR-X影像定向精度

点类型	模拟影像坐标 / 像素		SAR 影像坐标 / 像素		精度 / 像素		
	x	y	x	y	RMS_x	RMS_y	RMS_{xy}
控制点	2 687.965	3 797.227	6 291.075	10 031.854	-0.582	0.082	0.588
	6 695.000	20 597.000	16 362.200	56 442.800	0.637	-0.090	0.644
	13 528.334	17 912.005	35 291.894	49 428.792	-0.704	0.100	0.711
	10 517.474	2 611.179	27 871.320	7 200.377	0.645	-0.091	0.655
检查点	4 067.800	9 915.000	9 737.000	26 929.000	0.660	0.080	0.664
	5 363.240	16 396.600	12 935.417	44 821.024	0.569	0.180	0.597
	13 081.846	13 704.910	34 295.998	37 837.400	0.448	0.578	0.731
	12 132.072	9 221.000	31 940.165	25 455.627	-0.708	1.740	1.878
控制点的均方根误差					0.645	0.090	0.651
检查点的均方根误差					0.604	0.922	1.102

表8-7 平原地区的TerraSAR-X影像几何纠正精度

正射影像坐标 / m		1∶1万DOM坐标 / m		精度 / m		
x	y	x	y	RMS_x	RMS_y	RMS_{xy}
38 420 309.720	2 545 478.780	38 420 310.060	2 545 477.760	-0.340	1.020	1.080
38 430 946.260	2 542 802.710	38 4309 50.600	2 542 802.090	-4.340	0.620	4.380
38 442 360.060	2 551 022.820	38 442 362.720	2 551 020.920	-2.660	1.900	3.270
38 425 854.580	2 530 121.090	38 425 856.130	2 530 118.760	-1.550	2.330	2.800
38 430 665.640	2 529 342.970	38 430 666.900	2 529 341.710	-1.260	1.260	1.780
38 443 777.920	2 532 991.430	38 443 780.830	2 532 989.490	-2.910	1.940	3.500
38 426 462.170	2 505 847.460	38 426 462.770	2 505 846.850	-0.600	0.610	0.860
38 436 383.100	2 512 279.140	38 436 380.770	2 512 279.140	2.330	0.000	2.330
38 448 200.490	2 515 207.630	38 448 202.080	2 515 208.420	-1.590	-0.790	1.780
总均方根误差				2.280	1.370	2.660

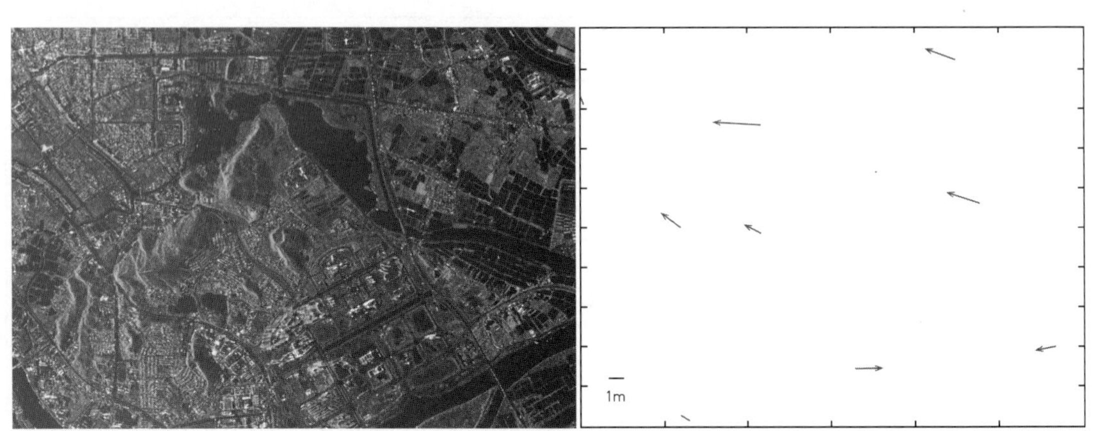

图8-7 平原地区的TerraSAR-X正射影像及残差分布

2. COSMO-SkyMed影像实验

COSMO-SkyMed数据实验基本结果如下。图8-8为控制点分布图，图8-9为正射影像及残差分布图，表8-8为定向精度，表8-9为几何纠正精度。

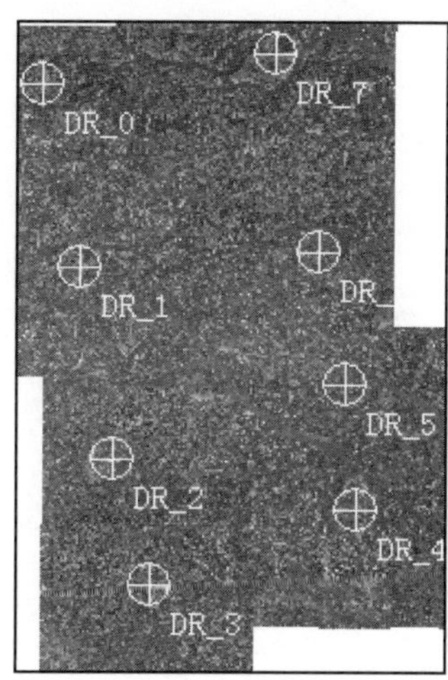

图8-8 平原地区的COSMO-SkyMed影像控制点分布

表8-8　平原地区的COSMO-SkyMed影像定向精度

点类型	模拟影像坐标 / 像素		SAR 影像坐标 / 像素		精度 / 像素		
	x	y	x	y	RMS_x	RMS_y	RMS_{xy}
控制点	4 048.000	2 993.000	19 853.176	15 947.641	0.409	0.497	0.644
	10 865.000	4 052.000	36 835.000	18 942.000	-0.410	-0.497	0.645
	8 815.833	16 426.167	31 079.221	49 749.049	0.388	0.471	0.611
	1 612.500	15 325.667	13 140.000	46 641.000	-0.388	-0.470	0.610
检查点	9 588.000	9 910.000	33 345.641	33 509.337	-0.845	0.493	0.978
	4 398.500	6 073.000	20 565.000	23 659.000	1.167	0.870	1.455
	3 118.000	10 709.500	17 138.000	35 182.000	-0.202	-0.010	0.202
	9 006.413	13 109.474	31 727.000	41 477.000	-0.032	-1.110	1.111
控制点的均方根误差					0.399	0.484	0.627
检查点的均方根误差					0.728	0.747	1.043

表8-9 平原地区的COSMO-SkyMed影像几何纠正精度

正射影像坐标 / m		1:1万DOM坐标 / m		精度 / m		
x	y	x	y	RMS_x	RMS_y	RMS_{xy}
38 425 916.515	2 513 884.439	38 425 916.987	2 513 884.808	0.472	0.369	0.599
38 427 220.058	2 529 886.020	38 427 219.068	2 529 886.520	-0.990	0.500	1.109
38 426 754.465	2 549 102.076	38 426 753.256	2 549 103.518	-1.209	1.442	1.882
38 443 583.022	2 544 735.153	38 443 587.042	2 544 736.353	4.020	1.200	4.195
38 443 755.016	2 528 762.787	38 443 756.238	2 528 762.914	1.222	0.127	1.229
38 440 857.857	2 509 011.974	38 440 857.475	2 509 013.782	-0.382	1.808	1.848
38 454 314.508	2 504 012.825	38 454 316.802	2 504 012.050	2.294	-0.775	2.421
38 452 612.064	2 521 809.729	38 452 613.818	2 521 812.000	1.754	2.271	2.869
总均方根误差				1.897	1.272	2.285

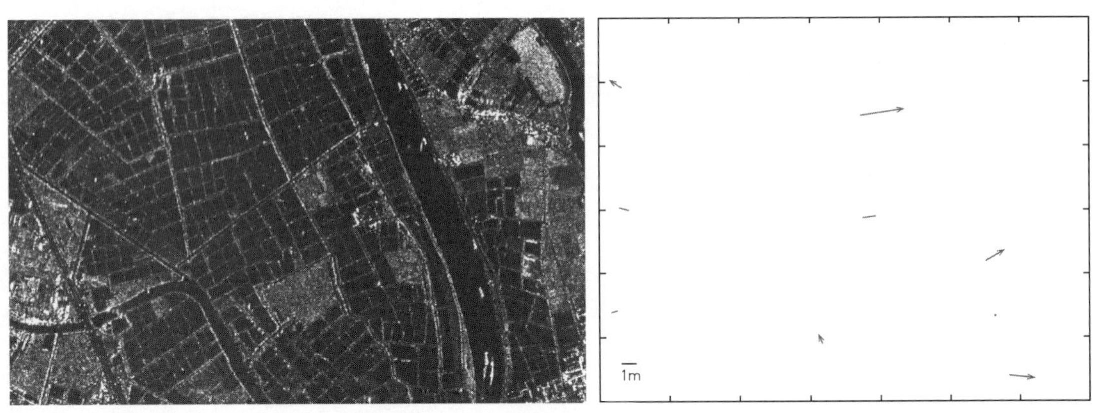

图8-9 平原地区的COSMO-SkyMed正射影像及残差分布

8.3.3 山区选点纠正实验

对于山地和高山地等选点困难地区，由于地形起伏和叠掩、透视收缩等特殊的SAR成像几何特征使得直接选点十分困难。对于山区和高山地地区主要利用DEM进行影像模拟，通过真实影像和模拟影像的配准，进而建立像点跟地面点的对应关系，从而进行几何校正。

下面选取4景山区数据进行山地和高山地的几何纠正实验，实验数据基本信息见表8-10。

表8-10　山区选点纠正实验数据基本信息

传感器	TerraSAR-X	COSMO-SkyMed	ERS	ASAR
获取时间	2008年5月12日	2008年5月14日	1998年8月8日	2007年11月30日
影像大小	56 400×42 400	24 875×23 681	2 500×15 000	4 306×21 189
中心点经纬度	31.99° N 104.47° E	31.83° N 104.47° E	40.73° N 120.24° E	40.86° N 120.39° E
升降轨及下视方向	升轨，右视	升轨，右视	降轨，右视	降轨，右视
方位向分辨率	1.25 m	0.5 m	4.49 m	4.49 m
距离向分辨率	1.25 m	0.5 m	22.45 m	22.35 m
成像模式	条带（stripmap）式	聚束（spotlight）式	自带模式	自带模式
极化方式	HH	HH	VV	VV
产品类型	GEC	GEC	SLC	SLC
倾角	26.44°	23°	23°	24.68°
地形	四川山区	四川山区	葫芦岛地区	葫芦岛地区

1. TerraSAR-X影像实验

TerraSAR-X影像实验基本结果如下。图8-10为正射影像及残差分布图，表8-11为定向精度，表8-12为几何纠正精度。

表8-11　山区的TerraSAR-X影像定向精度

点类型	模拟影像坐标 / 像素		SAR 影像坐标 / 像素		精度 / 像素		
	x	y	x	y	RMS_x	RMS_y	RMS_{xy}
控制点	22 294.665	49 122.219	22 317.500	49 000.500	-0.407	0.5056	0.649
	13 159.000	12 666.000	13 166.000	12 538.000	-0.372	0.4626	0.594
	20 829.000	13 479.000	20 816.000	13 336.000	0.389	-0.4834	0.620
	15 039.893	49 869.949	15 049.000	49 767.000	0.390	-0.485	0.622
检查点	11 653.000	34 344.000	11 658.000	34 235.500	0.650	0.355	0.741
	18 594.653	35 431.282	18 601.173	35 309.849	0.000	0.000	0.000
	13 472.427	20 545.467	13 480.000	20 425.000	-2.468	-2.013	3.185
	21 679.634	20 488.684	21 672.000	20 347.000	-0.490	1.672	1.742
控制点的均方根误差					0.390	0.484	0.622
检查点的均方根误差					1.230	1.320	1.853

表8-12 山区的TerraSAR-X影像几何纠正精度

正射影像坐标 / m		1:5万DRG坐标 / m		精度 / m		
x	y	x	y	RMS_x	RMS_y	RMS_{xy}
448 006.193	3 560 938.301	448 012.202	3 560 935.003	6.009	-3.298	6.855
432 159.400	3 554 017.029	432 163.703	3 554 012.120	4.303	-4.909	6.528
448 795.200	3 524 920.933	448 796.400	3 524 927.010	1.200	6.077	6.194
448 377.700	3 541 040.663	448 375.410	3 541 035.102	-2.290	-5.561	6.014
440 973.100	3 533 451.228	440 980.301	3 533 451.005	7.201	-0.223	7.204
433 455.700	3 538 369.974	433 462.410	3 538 373.050	6.710	3.076	7.381
448 851.300	3 513 923.530	448 849.332	3 513 925.003	-1.968	1.473	2.458
438 614.400	3 517 010.428	438 620.892	3 517 013.010	6.492	2.582	6.987
总均方根误差				5.052	3.892	6.378

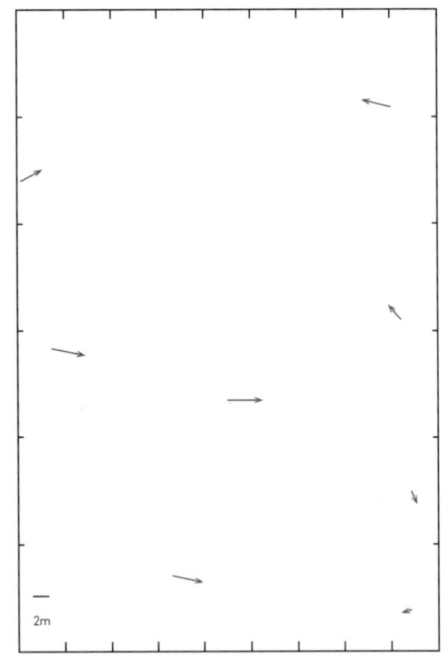

图8-10 山区的TerraSAR-X正射影像及残差分布

2. COSMO-SkyMed影像实验

COSMO-SkyMed影像实验基本结果如下。图8-11为正射影像及残差分布图，表8-13为定向精度，表8-14为几何纠正精度。

表8-13　山区的COSMO-SkyMed影像定向精度

点类型	模拟影像坐标 / 像素		SAR 影像坐标 / 像素		精度 / 像素		
	x	y	x	y	RMS_x	RMS_y	RMS_{xy}
控制点	3 306.000	16 515.000	3 385.000	16 359.000	-0.417	0.086	0.426
	2 157.000	4 470.000	2 254.000	4 353.000	0.705	-0.145	0.720
	21 203.747	15 785.813	21 314.284	15 646.050	0.556	-0.115	0.568
	14 139.267	5 977.675	14 253.000	5 867.000	-0.844	0.174	0.862
检查点	13 465.000	9 423.000	13 569.000	9 301.000	1.291	-0.136	1.299
	12 172.821	17 165.405	12 271.667	17 015.000	-2.425	0.693	2.522
	15 921.167	3 262.283	16 040.331	3 158.668	-0.713	1.750	1.890
	7 683.047	8 331.221	7 784.000	8 194.000	1.232	0.657	1.396
控制点的均方根误差					0.650	0.134	0.664
检查点的均方根误差					1.547	0.999	1.842

表8-14　山区的COSMO-SkyMed影像几何纠正精度

正射影像坐标 / m		1:5万DRG坐标 / m		精度 / m		
x	y	x	y	RMS_x	RMS_y	RMS_{xy}
449 050.189	352 6525.518	449 054.648	3 526 528.723	4.459	3.205	5.491
451 608.881	3 525 897.359	451 612.154	3 525 899.994	3.272	2.635	4.201
444 694.012	3 524 240.493	444 697.454	3 524 234.944	3.442	-5.550	6.530
444 815.737	3 520 727.020	444 819.747	3 520 730.744	4.010	3.724	5.472
451 883.731	3 520 149.985	451 876.186	3 520 154.243	-7.546	4.258	8.664
总均方根误差				4.805	4.000	6.252

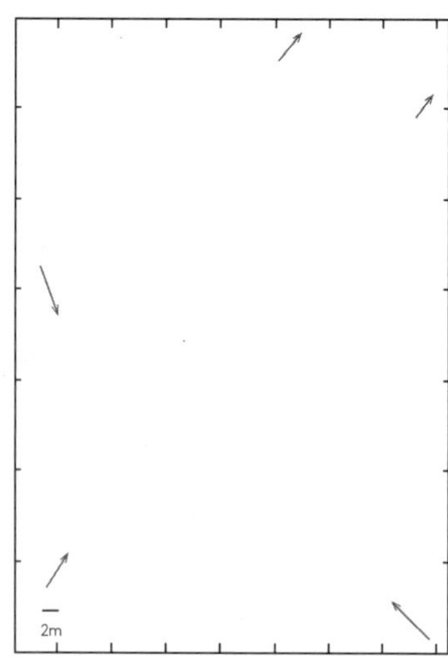

图8-11 山区的COSMO-SkyMed正射影像及残差分布

3. ERS影像实验

ERS影像实验基本结果如下。图8-12为正射影像及残差分布图，表8-15为定向精度，表8-16为几何纠正精度。

表8-15 山区的ERS影像定向精度

点类型	模拟影像坐标 / 像素		SAR 影像坐标 / 像素		精度 / 像素		
	x	y	x	y	RMS_x	RMS_y	RMS_{xy}
控制点	685.423	11 403.760	610.553	11 233.070	0.733	-0.164	0.751
	1 871.244	9 294.003	17 99.653	9 117.852	-0.359	-0.250	0.438
	7 38.583	2 042.536	663.287	1 870.643	-0.596	-0.136	0.612
	1 797.816	1 984.950	17 23.573	1 807.888	0.669	0.260	0.718
检查点	850.879	3 523.838	778.054	3 352.110	-2.524	-0.658	2.609
	2 098.235	4 409.262	2 025.449	4 230.259	0.358	1.092	1.149
	892.183	8 145.683	818.875	7 973.168	-1.026	0.405	1.103
	1 965.372	6 431.250	1 892.563	6 254.955	0.493	-0.816	0.953
控制点的均方根误差					0.700	0.242	0.741
检查点的均方根误差					1.612	0.905	1.849

表8-16　山区的ERS影像几何纠正精度

正射影像坐标 / m		1∶5万DRG坐标 / m		精度 / m		
x	y	x	y	RMS_x	RMS_y	RMS_{xy}
254 666.635	4 503 162.097	254 665.661	4 503 154.389	-0.974	-7.708	7.769
262 872.140	4 496 681.909	262 863.395	4 496 678.366	-8.746	-3.543	9.436
252 916.495	4 530 765.493	252 906.910	4 530 767.348	-9.585	1.855	9.763
288 763.878	4 532 745.740	288 770.825	4 532 752.021	6.947	6.280	9.365
285 229.176	4 488 327.871	285 232.073	4 488 324.900	2.897	-2.971	4.149
264 593.555	4 518 941.966	264 594.925	4 518 946.597	1.370	4.632	4.830
280 392.507	4 508 510.939	280 387.035	4 508 501.280	-5.472	-9.659	11.101
总均方根误差				6.068	5.836	8.419

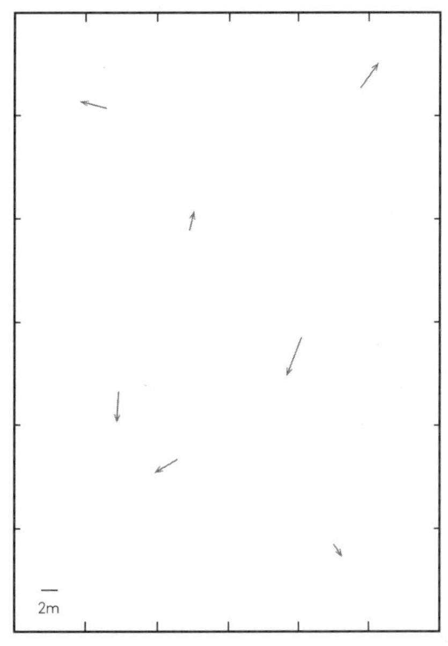

图8-12　山区的ERS正射影像及残差分布

4. ASAR影像实验

ASAR影像实验基本结果如下。图8-13为正射影像及残差分布图，表8-17为定向精度，表8-18为几何纠正精度。

表8-17 山区的ASAR影像定向精度

点类型	模拟影像坐标 / 像素		SAR 影像坐标 / 像素		精度 / 像素		
	x	y	x	y	RMS_x	RMS_y	RMS_{xy}
控制点	1 756.440	17 622.320	2 405.777	18 459.681	0.291	0.717	0.774
	1 406.640	14 910.240	2 057.356	15 752.109	-0.117	-0.573	0.585
	483.480	5 337.560	1 136.787	6 186.929	0.096	0.420	0.431
	1 794.040	1 898.200	2 445.111	2 736.159	0.056	-0.227	0.234
检查点	1 813.286	6 538.561	2 462.836	7 375.804	1.073	0.312	1.117
	1 096.066	8 273.938	1 747.782	9 116.306	0.167	1.785	1.793
	2 177.429	9 631.410	2 826.560	10 466.736	0.454	-1.122	1.211
	1 232.658	12 017.564	1 884.800	12 860.400	-0.906	0.060	0.908
控制点的均方根误差					0.192	0.597	0.627
检查点的均方根误差					0.858	1.231	1.500

表8-18 山区的ASAR影像几何纠正精度

正射影像坐标 / m		1∶5万DRG坐标 / m		精度 / m		
x	y	x	y	RMS_x	RMS_y	RMS_{xy}
254 687.984	4 503 102.048	254 681.040	4 503 105.158	-6.944	3.110	7.609
284 918.588	4 489 368.640	284 912.390	4 489 374.324	-6.198	5.684	8.410
258 619.432	4 524 178.080	258 612.778	4 524 172.926	-6.653	-5.155	8.417
254 545.255	4 542 553.190	254 540.503	4 542 557.205	-4.752	4.016	6.221
258 674.341	4 552 385.063	258 679.156	4 552 380.820	4.815	-4.243	6.418
281 044.968	4 528 451.457	281 049.947	4 528 444.091	4.979	-7.366	8.891
284 407.240	4 558 128.390	284 414.013	4 558 122.643	6.773	-5.748	8.883
总均方根误差				5.944	5.210	7.904

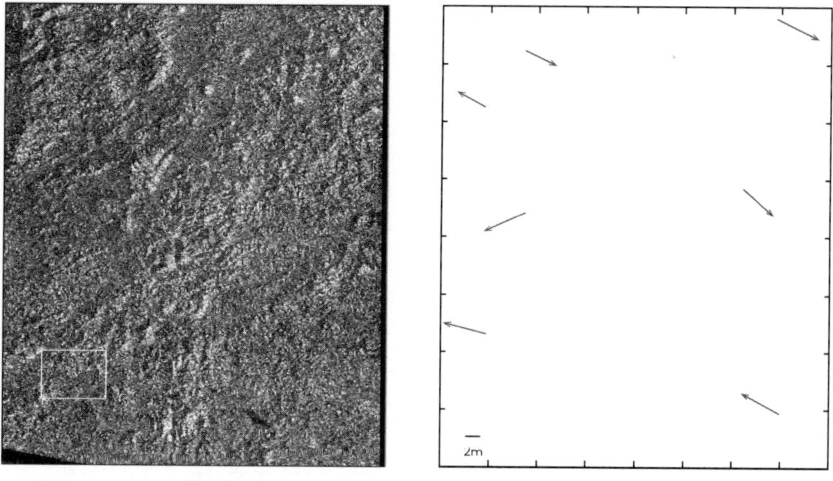

图8-13　山区的ASAR数据正射影像及残差分布

8.3.4　理论精度和实际精度分析

在SAR的几何纠正中地形起伏和卫星星历误差是两个主要的误差来源，卫星星历误差可以通过建立低阶多项式消除，而地形起伏引起的误差可以在重采样过程中消除。因此，SAR影像几何纠正的精度取决于DEM的精度和定向精度。

如图8-14所示，地形起伏引起定位误差可以表示为

$$\Delta R = \frac{\Delta h}{\cos\eta} \tag{8-1}$$

式中，参数Δh是高程误差；η为雷达入射角；ΔR则为高程误差Δh引起的定位误差。

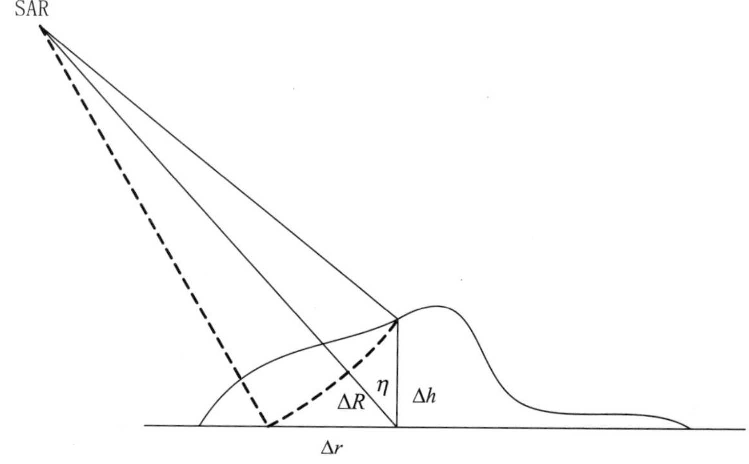

图8-14　高程误差引起的定位误差

本书中平原地区采用高程精度为1m的1:1万DEM，而山区和高山区采用高程精度为5m的1:5万DEM，由于高程误差而引起的定位误差见表8-19。

表8-19 高程误差引起的定位误差

传感器	倾角 /（°）	定位误差 / m	地形
TerraSAR-X	32.50	1.19	平原
COSMO-SkyMed	23.00	1.08	平原
TerraSAR-X	26.44	5.58	山地
COSMO-SkyMed	23.00	5.43	山地
ERS	23.00	5.43	山地
ASAR	24.68	5.53	山地

通过表8-19可以看到，理论上平原地区的几何纠正精度为1m左右，山区和高山区的几何纠正精度大约为6m。实验中平原地区的几何纠正精度大概为2m，山区和高山区的几何纠正精度大约为7m，考虑平原地区1个像素和山地2个像素的定向精度，实验得到的几何纠正精度是合理的。

参考文献

[1]陈尔学．2005．星载合成孔径雷达影像正射校正方法研究[D]．北京:中国林业科学研究院．

[2]谌华．2006．CRInSAR大气校正模型研究及其初步应用[D]．北京:中国地震局地质研究所．

[3]巩丹超，张永生．2003．有理函数模型的解算与应用[J]．测绘学院学报，20(1)：39-42．

[4]胡芬，王密，李德仁，等．2009．基于投影基准面的线阵推扫式卫星立体像对近似核线影像生成方法[J]．测绘学报，38(5)：428-436．

[5]江万寿，张剑清，张祖勋．2002．三线阵CCD卫星影像的模拟研究[J]．武汉大学学报:信息科学版，27(4)：414-419．

[6]金为铣．1996．摄影测量学[M]．武汉:武汉大学出版社．

[7]李德仁，郑肇葆．1992．解析摄影测量[M]．北京: 测绘出版社．

[8]廖明生，林珲．2003．雷达干涉测量——原理与信号处理基础[M]．北京:测绘出版社．

[9]刘文宝．1998．矿图手工数字化位置数据系统误差的控制[J]．煤炭学报，23(4)：443-447．

[10]秦绪文．2006．基于拓展RPC模型的多源卫星遥感影像几何处理[D]．北京:中国地质大学．

[11]秦绪文，李丽，张过．2007．多传感器卫星遥感影像无控制点区域网平差[J]．辽宁工程技术大学学报，26(2):187-189．

[12]秦绪文，张过，李丽．2006．SAR影像的RPC模型参数求解算法研究[J]．成都理工大学学报:自然科学版，22(4):349-355．

[13]王新洲，刘丁酉，张前勇，等．2001．谱修正迭代法及其在测量数据处理中的应用[J]．黑龙江工程学院学报，15(2):3-6．

[14]肖国超，朱彩英．2001．雷达摄影测量[M]．北京:地震出版社:39-46．

[15]杨杰．2004．星载SAR影像定位和从星载InSAR影像自动提取高程信息的研究[D]．武汉:武汉大学．

[16]叶新魁，文贡坚，王继阳，等．2009．基于零高程点的卫星影像核线确定方法[J]．测绘信息与工程，34(2):28-31．

[17]张过．2005．缺少控制点的高分辨率卫星遥感影像几何纠正[D]．武汉:武汉大学．

[18]张过，费文波，李贞，等．2010．RPC对星载SAR严密成像几何模型的可替代性分析[J]．测绘学报，39(3):264-270．

[19]张过，李德仁，秦绪文，等．2008．基于RPC模型的高分辨率SAR影像正射纠正[J]．遥感学报，12(6):942-948．

[20]张过，李德仁．2007．卫星遥感影像RPC参数求解算法研究[J]．中国图象图形学报，12(12)：2080-2088．

[21]张过，潘红播，江万寿．2010．基于RPC模型的线阵卫星影像核线排列以及核线几何关系重建[J]．国土资源遥感，81(4):32-34．

[22]张过，墙强，祝小勇，等．2010．基于影像模拟的星载SAR影像正射纠正[J]．测绘学报，31(6)：554-560．

[23]张过，祝彦敏，费文波，等．2009．高分辨SAR-GEC影像严密成像几何模型及其应用研究[J]．测绘通报，5:12-15．

[24]张永军，丁亚洲．2009．基于有理多项式系数的线阵卫星近似核线影像的生成[J]．武汉大学学报:

信息科学版，34(9):1068-1071.

[25]张祖勋，周月琴．1989．用拟合法进行SPOT影像的近似核线排列[J]．武汉测绘科技大学学报，14(2):20-25.

[26]张祖勋，张剑清．2001．数字摄影测量学[M]．武汉:武汉大学出版社:117-118.

[27]祝国瑞．2004．地图学[M]．武汉: 武汉大学出版社:87-93.

[28]祝小勇．2008．基于RPC的星载SAR影像几何纠正[D]．武汉:武汉大学.

[29]AGENZIA SPAZIALE ITALIANA. 2007. COSMO-SkyMed SAR products handbook. ASI— Agenzia. Spaziale Italiana, Roma, Italy, http: //eopi. asi. it, May.

[30]AZEVEDO D L. 1971. Radar in the Amazon[M]. Ann Arbor: 101, 1275-1281.

[31]BALTSAVIAS E, PATERAKI M, ZHANG L. 2001. Radiometric and geometric evaluation of IKONOS geo images and their use for 3D building modeling[C]//Proceedings of Joint ISPRS Workshop on High Resolution Mapping from Space, 2001, Hanover (On CD-ROM).

[32]CHEN Puhuai, DOWMAN I J. 1996. Space intersection from ERS-1 synthetic aperture radar images[J]. The Photogrammetric Record, 15: 61–73.

[33]CHEN Puhuai, DOWMAN I J. 2000. SAR image geocoding using a stereo-SAR DEM and automatically generated GCPs[M]//ISPRS. International Archives of Photogrammetry and Remote Sensing: Volume XXXII. Amsterdam: ISPRS: 38-45.

[34]CHEN Puhuai, DOWMAN I J. 2001. A weighted least squares solution for space intersection of spaceborne stereo SAR data[J]. IEEE Transactions on Geoscience and Remote Sensing, 39: 233-240.

[35]CRANDALL C J. 1969. Radar mapping in Panama[J]. Photogrammetric Engineering, 35(4): 1062-1071.

[36]CURLANDER J C, MCDONOUGH R N. 1991. Synthetic aperture radar: system and signal processing[M]. New York: John Wiley & Sons.

[37]CURLANDER J C.1982. Location of space-borne SAR image[J]. IEEE Transaction on Geoscience and Remote Sensing, 20(3): 359-364.

[38]DETTWILER M. 2008. Radarsat-2 product format definition. MacDonald, Dettwiler and Associates Ltd, Richmond, B. C., Canada, http: //www. radarsat2. info/product/ new_prod_ov. asp, March.

[39]DIAL G, GRODECKI J. 2002a. Block adjustment with rational polynomial camera models[C]. Proceedings of ASPRS Annual Meeting, Washington, DC: 22-26.

[40]DIAL G, GRODECKI J. 2002b. IKONOS accuracy without ground control[C]. Proceedings of ISPRS commission I symposium, Denver, USA.

[41]DOWMAN I J. 1992. The geometry of SAR images for geocoding and stereo applications[J]. International Journal of Remote Sensing. 13(9): 1609-1617.

[42]DOWMAN I J, CHEN Puhuai. 1998. A rigorous stereo method for DEM generation from Radarsat data[C]. RADARSAT ADROSymp, Montreal, QC, Canada.

[43]DOWMAN I, DOLLOFF J. 2000. An evaluation of rational function for photogrammetric restitution[M]// ISPRS. International Archives of Photogrammetry and Remote Sensing: Volume XXXIII(B3). Amsterdam, The Netherlands: GITC: 254–266.

[44]EDWARDS E P, SOWTER A, SMITH M J. 2004. Evaluation of a space intersection strategy for use with stereoscopic SAR imagery over developing countries[M]. Salzburg, Austria.

[45]EINEDER M, FRITZ T. 2006. TerraSAR-X ground segment, SAR basic product specification document(TX-GS-DD-3302), Rev 1. 4, October.

[46]FRASER C S, HANLEY H B. 2003. Bias compensation in rational functions for IKONOS satellite imagery[J]. Photogrammetric Engineering and Remote Sensing, 69(1): 53-57.

[47]GOLDSTEIN R M, ZEBKER H A, WERNER C L. 1988. Satellite radar interferometry: two-dimensional phase unwrapping[J]. Radio Science, 23(4): 713-720.

[48]GONCALVES J. 2003. Orientation of SPOT stereopairs with a SAR Image[M]. Anchorage, Alaska.

[49]GRAHAM L C.1974. Synthetic interferometric radar for topographic mapping[C]. ProC.of IEEE, 62: 763-768.

[50]GRODECKI J, DIAL G . 2003. Block adjustment of high resolution satellite images described by rational functions[J]. Photogrammetric Engineering and Remote Sensing, 69(1): 59-68.

[51]GUINDON B, ADAIR M. 1992. Analytic formation of space-borne SAR image geocoding and Value-added products using digital elevation data[J]. Canadian Journal of Remote Sensing, 18(1): 4-12.

[52]GUPTA R, HARTLEY R I. 1997. Linear pushbroom cameras[J]. IEEE Transactions on Pattern Analysis and Machine Intelligence, 19(9): 963-975.

[53]HABIB A F, MORGAN M, JEONG S, et al. 2005. Analysis of epipolar geometry in linear array scanner scenes[J]. The Photogrammetric Record, 20(109): 27-47.

[54]JAPAN AEROSPACE EXPLORATION AGENCY. 2008. ALOS Data Users Handbook. Rev. C, Earth Observation Research and Application Center Japan Aerospace Exploration Agency, Japan, http: //www. eorC.jaxa. jp/ALOS/en/doc/handbk. htm, March.

[55]JOHNSEN H, LAUKNES L, GUNERUSSEN T. 1995. Geocoding of fast-delivery ERS-1 SAR image mode product using DEM data[J]. International Journal of Remote Sensing, 16(11): 1957-1968.

[56]KAMPES B. 2005. Delft object-oriented Radar interferometric software user's manual and technical documentation. http: //enterprise. geo. tudelft. nl/doris/.

[57]KIM T. 2000. A study on the epipolarity of linear pushbroom images[J]. Photogrammetric Engineering and Remote Sensing, 66(8): 961-966.

[58]KOBRICK M, LEBERL F, RAGGAM J. 1986. Radar stereo mapping with crossing flight lines[J]. Canadian Journal of Remote Sensing, 12(9): 132-148.

[59]KONECNY G, SCHUHR W. 1988. Reliability of radar image data[C]. 16th ISPRS Congress, B9, Tokyo.

[60]LAPRADE G. 1963. An analytical and experimental study of stereo for radar[J]. Photogrammetric Engineering, 29(2): 294-300.

[61]LEBERL F. 1978. Radargrammetry for Image Interpretation[R]. ITC.

[62]LEBERL F, DOMIK G, RAGGAM J, et al. 1986. Multiple incidence angle SIR-B experiment over Argentina: stereo-radargrammetric analsis[J]. IEEE Transcations on Geoscience and Remote Sensing, 24(4): 482-491.

[63]LEE H Y, PARK W. 2001. Epipolarity analysis for linear pushbroom imagery[J]. International Symposium on Remote Sensing, 17: 593-598.

[64]MORA O, PEREZ F, PALA V, et al. 2003. Development of a multiple adjustment processor for generation of DEMs over large areas using SAR data[C]// Proceedings of 2003 IEEE International Geoscience and

Remote Sensing Symposium: IGARSS '03: Volume 4, 21-25 July, 2003:2326-2328.

[65]MORGAN M, KIM K O, SOO J. 2006. Epipolar resampling of space-borne linear array scanner scenes using parallel projection[J]. Photogrammetric Engineering and Remote Sensing, 72(11):1255-1263.

[66]OGC.2004. The OpenGIS abstract specification: Topic 7: the earth imagery case. http: //www. opengis. org/ public/abstract/99-107. pdf.

[67]ONO T. 1999. Epipolar Resampling of High Resolution Satellite Imagery[M]. Joint Workshop of ISPRS WG I/1, I/3 and IV/4 on Sensors and Mapping from Space, Hanover.

[68]OSTROWSKI J A, CHENG P. 2000. DEM extraction from stereo SAR satellite imagery[C]. Geoscience and Remote Sensing Symposium, 2000. Proceedings. IGARSS 2000. IEEE 2000 International, pp. 2176-2178 vol. 5.

[69]QIN Xuwen, ZHANG Guo, LI Li, ,et al. 2007. A new method of computation RPC parameters for satellite imagery based on unbiased estimator[C]//12th Conference of Int. Association for Mathematical Geology, 26-31August, Beijing, China, pp. 518-521. (ISTP:000250473800132).

[70]RAGGAM J. 1985. Untersuchungen unl Entwicklungen zur Stereooradargrammetrie[D]. Technical University Graz.

[71]ROSEN P A, HENSLEY S, JOUGHIN I R, et al. 2000. Synthetic aperture Radar interferometry[C]// Proceedings of the IEEE, Vol. 88, No. 3:359–361.

[72]SCHMIDT N, et al. 2007. TerraSAR-X value added image products[J]. IEEE International Geoscience and Remote Sensing, 23(28):3938–3941.

[73]SCHREIER G, KOSMANN D, ROTH A. 1990. Design aspects and implementation of a system for geocoding satellite SAR-images[J]. ISPRS Journal of Photogrammetry and Remote Sensing, 45(1):1-16.

[74]SMALL D, HOLECZ F, MEIER E, et al. 1998. Absolute radiometric correction in rugged terrain: a plea for integrated Radar brightness[C]//Geoscience and Remote Sensing Symposium Proceedings, 1:330-332.

[75]SONG S Y, SOHN G H, PARK H C.2006. An efficient 3D positioning method from satellite synthetic aperture Radar images[M]. Heidelberg, Berlin: Springer:533-540.

[76]TAO C V, Hu Yong. 2000. Investigation of the rational function model[C]// Proceedings of ASPRS Annual Convention, 2000, Washington D C(on CD-ROM).

[77]TAO C V, HU Yong. 2001. A comprehensive study of the rational function model for photogrammetric processing[J]. Photogrammetric Engineering and Remote Sensing, 67(12):1347-1357.

[78]TAO C V, HU Yong. 2002. 3D reconstruction methods based on the rational function model[J]. Photogrammetric Engineering and Remote Sensing, 68(7):705-714.

[79]THEISS H J, MIKHAIL E M. 2005. An Attempt at regularization of a SAR pair to aid in stereo viewing, ASPRS 2005 Annual Conference(W0314_7010).

[80]THIERRY T, CHENIER R, YVES C.2003. Multi sensor block adjustment[M]. Toulouse, France: Insititute of Electrical and Electronics Engineers Inc:1041-1043.

[81]THOMPSON A R, MORAN J M, SWENSON G M. 1986. Interferometry and synthesis in radio astronomy[M]. New York: Wiley Interscience.

[82]TOUTIN T. 1996. Opposite-side ERS-1 SAR stereo mapping over rolling topography[J]. IEEE Transactions on Geoscience and Remote Sensing, 34(2):80-88.

[83]TOUTIN T. 2000. State-of-the-art of elevation extraction from satellite SAR data [J]. ISPRS Journal of Photogrammetry and Remote Sensing, 55:13-33.

[84]TOUTIN T. 2000. Stereo-mapping with SPOT-P and ERS-1 SAR images[J]. International Journal of Remote Sensing, 21(8):1657-1674.

[85]TOUTIN T. 2003a. Path processing and block adjustment with Radarsat-1 SAR images [J]. IEEE Tansactions on Geoscience and Remote Sensing, 41(10):2320-2328.

[86]TOUTIN T. 2003b. Review paper: geometric processing of remote sensing images: models, algorithms and methods[J]. International Journal of Remote Sensing, 25(10):1893-1924.

[87]TOUTIN T, CHENIER R. 2009. 3D Radargrammetric Modeling of Radarsat-2 ultrafine mode: preliminary results of the geometric calibration[J]. IEEE Geoscience and Remote Sensing Letters, 6(2):282-286.

[88]WIVELL C E, STEINWAND D R, KELLY G G, et al. 1992. Evaluation of terrain models for the geocoding and terrain correction of synthetic aperture Radar(SAR) images[J]. IEEE Transactions on Geosciences and Remote Sensing, 30(6):1137-1144.

[89]XIA Y, KAUFMANN H, GUO Xingfa. 2002. Differential SAR interferometry using corner reflectors[M]. Toronto:1243-1246.

[90]XIA Y, KAUFMANN H, GUO Xingfa. 2004. Landslide monitoring in the three Gorges area using D-INSAR and corner reflectors[J]. Photogrammetric engineering and remote sensing,70(10):1167-1172.

[91]ZEBKER H A, GOLDSTEIN R M. 1986. Topographic mapping from interferometric synthetic aperture radar observations[J]. Journal of Geophysical Research, 91(B5):4993-4999.

[92]ZHANG Guo , LI Zhen, PAN Hongbo, et al. 2011. Orientation of spaceborne SAR stereo pairs employing the RPC adjustment model[J]. IEEE Transactions on Geoscience and Remote Sensing(accepted).

[93]ZHANG Guo, FEI Wenbo, LI Zhen, et al. 2010. Evaluation of the PRC model for spaceborne SAR imagery[J]. Photogrammetric Engineering and Remote Sensing, 76(6):727-733.

[94]ZHANG Guo, FEI Wenbo, LI Zhen, et al. 2012. Evaluation of the RPC Model as a Replacement for the Spaceborne InSAR Phase Equation[J]. Photogrammetric Record(Submitted).

[95]ZHANG Guo, FEI Wenbo, ZHEN Li, et al. 2012. Evaluation of the RPC model for spaceborne SAR imagery[J]. Photogrammetric Engineering and Remote Sensing, in press.

[96]ZHANG Guo, LI Deren. 2006. The study on RPC model of satellite imagery[C]. GIS in Asia: Think Global Act local : Asia GIS 2006 International Conference,9-10 March, pp. 1-13.

[97]ZHANG Guo, LI Zhen. 2012. Geometric model for high-resolution SAR-GEC images[J]. International Journal of Image and Data Fusion (Submitted).

[98]ZHANG Guo, YUAN Xiuxiao. 2006. On RPC model of satellite imagery[J]. Geo-spatial Information Science(Quarterly),9(4):285-292.

[99]ZHANG Guo, ZHU Xiaoyong. 2008. A study of the RPC model of TerraSAR-X and COSMO-SkyMed SAR imagery[M]//ISPRS. The International Archives of the Photogrammetry, Remote Sensing and Spatial Information Sciences: Volume XXXVII: Part B1. Beijing: ISPRS:321-324.

[100]ZHANG Guo, QIANG Qiang, LUO Ying, et al. 2012 Application of RPC model in ortho-rectification of spaceborne SAR imagery[J]. Photogrammetric Record (Submitted).